全解家装图鉴系列

一看就懂的装修材料书

理想·宅 编

中国电力出版社
CHINA ELECTRIC POWER PRESS

内容提要

选材是家庭装修中很重要的一环,对材料的了解和认识是进行家装选材的前提。本册图书为图文形式,按照家居中经常用到的装饰材料进行分章节介绍,每章先总体概述该类材料的基本信息,接下来分节介绍具体材料的相关内容,包括其基本特征,如何挑选、施工、验收、保养等问题,并用室内实景图片加点评的形式,将材料与家居装修完美结合。

图书在版编目(CIP)数据

一看就懂的装修材料书 / 理想·宅编. — 北京:
中国电力出版社,2016.1(2018.1 重印)
(全解家装图鉴系列)
ISBN 978-7-5123-8358-6

Ⅰ.①一… Ⅱ.①理… Ⅲ.①室内装饰-装修材料-
图解 Ⅳ.① TU56-64

中国版本图书馆 CIP 数据核字(2015)第 231991 号

中国电力出版社出版发行

北京市东城区北京站西街19号　　100005　　http://www.cepp.sgcc.com.cn
责任编辑:曹 巍　　责任印制:蔺文舟　　责任校对:太兴华
北京博图彩色印刷有限公司印刷·各地新华书店经售
2016年1月第1版·2018年1月第4次印刷
880mm×1230mm 1/20·11.5印张·350千字
定价:48.00元

前言

　　相信很多人都听过这么一句话："装修一套房子，感觉像扒了一层皮。"无论是对于业主还是从业者来说，装修过程永远充满了各种选择、焦虑和遗憾，以及由此而来的不满、懊恼等负面情绪。业主担心的永远是自己的房子是否能够保质保量地装好，而施工方永远觉得业主什么都不懂，瞎指挥。其实，如果业主能够懂一些装修知识，不仅能够很好地监控自己家的装修质量，而且在具体实施过程中，也能够做到有的放矢！

　　装修并没有想象中的那么难，只要抓住了整个过程中的核心环节和必要内容，相信整体装修过程必然不会出现太大的问题！设计、选材和施工是家庭装修中的重要环节，这三个方面决定了家庭装修的品位、造价和质量，抓住这三点基本上也就保证了家庭装修能够顺利完成。

　　本套书即按照家庭装修的三个重要环节，分为《一看就懂的装修设计书》《一看就懂的装修材料书》和《一看就懂的装修施工书》三本，以总结归纳知识点的形式，分别介绍了家庭装修中的各种实用知识。

　　本套书的编写意在体现一种轻松、快速的阅读体验，没有长篇理论说教，完全以核心、实用的知识点为基本组成内容，配以丰富的内容形式，让读者在轻松的阅读体验中，了解到必要的装修核心知识。

　　参与本套书编写的有杨柳、黄肖、董菲、杨茜、赵凡、卫白鸽、张蕾、刘向宇、王广洋、邓丽娜、安平、马禾午、谢永亮、邓毅丰、张娟、周岩、朱超、王庶、赵芳节、王效孟、王伟、王力宇、赵莉娟、潘振伟、杨志永、叶欣、张建、张亮、赵强、郑君、叶萍等人。

CONTENTS

目录

前言

装饰石材即建筑装饰石材，
是指具有可锯切、抛光等加工性能，
在建筑物上作为饰面材料的石材，
包括天然石材和人造石材两大类。
由于石材天然的纹理与特质，
在室内装修中可以起到很好的装饰作用，
为居室增添一隽与众不同的亮色。

Chapter ①
装饰石材

大理石

砂岩

人造石材

花岗岩

大理石 耐腐蚀、耐高温、易维护

 建材快照

①大理石具有花纹品种繁多、色泽鲜艳、石质细腻、吸水率低、耐磨性好的优点。

②大理石属于天然石材，容易吃色，若保养不当，易有吐黄、白华等现象。

③大理石具有很特别的纹理，在营造效果方面作用突出，特别适合现代风格和欧式风格。

④大理石多用在居家空间，如墙面、地面、吧台、洗漱台面及造型面等；因为大理石的表面比较光滑，不建议大面积用于卫浴地面，容易让人摔倒。

⑤大理石的价格依种类不同而略有差异，一般为 150 ~ 500 元 /m²，品相好的大理石可以令家居变身为豪宅。

不同材质的大理石令空间更具多样化

大理石的主要成分是碳酸钙，碳酸钙是天然大理石的固结成分。某些黏性矿物质在石材形成过程中与碳酸钙结合，从而形成绚丽的色彩。大理石的颜色千变万化，大致可分为白、黑、红、绿、咖啡、灰、黄7个系列，其中变化最丰富的是黄色系，其色泽温和，令人感觉温暖而忘记石材冰冷的感觉，而且黄色代表贵气和财富，既符合流行又经久耐看。此外大理石的表面还会呈现分布不均、形状大小各异的纹理，有云雾型、山水型、雪花型、图案型（如柳叶、文像、螺纹、古生物）等。除了大理石天然的纹理，大理石的切割也会影响纹理。不同的纹理造就大理石不同的艺术效果，令家居空间更具多样化。

中花白大理石打造的电视背景墙与周围的碎花壁纸，一刚一柔，令欧风客厅更具风情。

各类大理石大比拼

分类		特点	主要产地	元 /m²
黑金砂		吸水率低，硬度高，比较适合当过门石。	印度	160 ~ 200
莎安娜米黄		耐磨性好，不易老化，比较适合用在地面墙面。	土耳其	≥ 300
橘子玉		纹路清晰、平整度好，具有光泽，适合用在酒店等高级场所。	土耳其	1000 ~ 1500
红花紫玉		如天然的山水画、光泽度好、纹理千变万化，适合用作背景墙装饰。	土耳其	900 ~ 1500
中花白		质地细密、放射性元素低，适合用作柱子、台面装饰。	中国福建	≥ 250
红龙玉		容易加工、杂质少，适合用作台面装饰。	广东	≥ 200
啡网纹		品种多、质地优，光泽度好、适合用作地面装饰。	西班牙	≥ 250
金碧辉煌		硬度低、容易加工，适合用作台面装饰。	埃及	≥ 150

红龙玉大理石将欧式客厅的电视背景墙营造得极具格调美。

黑金砂大理石用于厨房台面，为空间注入了俏皮的元素。

大理石拼花为居室带来艺术感

大理石拼花在欧式家居中被广泛应用于地面、墙面、台面等装饰，以其石材的天然美（颜色、纹理、材质）加上人们的艺术构想而"拼"出一幅幅精美的图案，体现出欧式风格的雍容与大气。其中大理石拼花在欧式玄关地面的运用最为广泛。

玄关处的大理石拼花令空间的欧式风情浓郁。

选购小常识

1	色调基本一致、色差较小、花纹美观是大理石优良品质的具体表现，否则会严重影响装饰效果。
2	优质大理石板材的抛光面应具有镜面一样的光泽，能清晰地映出景物。
3	大理石最吸引人的是其花纹，选购时要考虑纹路的整体性，纹路颗粒越细致，代表品质越佳；若表面有裂缝，则表示日后有破裂的风险。
4	用硬币敲击大理石，声音较清脆的表示硬度高，内部密度也高，抗磨性较好；若是声音沉闷，就表示硬度低或内部有裂痕，品质较差。

5	用墨水滴在表面或侧面上，密度越高越不容易吸水。
6	在购买大理石时要求厂家出示检验报告，并应注意检验报告的日期，同一品种的大理石因其矿点、矿层、产地的不同，其放射性存在很大差异，所以在选择或使用石材时不能只看一份检验报告，尤其是工程上大批量使用时，应分批或分阶段多次检测。

施工验收 TIPS

①大理石铺设在地面时，多使用干式软底施工法，必须先上 3 ~ 5cm 的土路（水泥砂），再将石材粘贴在上面。铺设墙面时，基于防震的考量，则使用湿式施工法，施工时使用 3 ~ 6cm 夹板打底，黏着时会较牢靠，增加稳定度。在拼接大理石时，为增加美观度，目前有无缝美容的手法，令大理石之间的缝隙变得不明显。另外，施工时使用的黏着剂需按照大理石色泽深浅添加色粉，即深色大理石使用深色硅利康胶，浅色大理石则使用浅色。

②大理石在安装前的防护十分必要，一般可分为三种方式：6 个面都浸泡防护药水，这样做的价格较高，130 ~ 1500 元 /m²；处理 5 个面，底层不处理，价格为 80 ~ 100 元 /m²；只处理表面，价格为 60 ~ 80 元 /m²，但防护效果较差。可根据经济情况及计划使用的时间长短来选择具体的防护方式。

这样保养使用更持久

①时常给大理石除尘，可能的话一天一次，清洁时少用水，以微湿带有温和洗涤剂的布擦拭，然后用清洁的软布抹干、擦亮，使其恢复光泽。

②可用液态擦洗剂仔细擦拭，如用柠檬汁或醋清洁污痕，但柠檬停留在上面的时间最好不超过 2 分钟，必要时可重复操作，然后清洗并擦干。

③应注意防止铁器等重物磕砸石面，以免出现凹坑，影响美观。

④轻微擦伤可用专门的大理石抛光粉和护理剂；磨损严重的大理石，可用钢丝绒擦拭，然后用电动磨光机磨光，使其恢复原有的光泽。

⑤用温润的水蜡保养大理石的表面，既不会阻塞石材细孔，又能够在表面形成防护层，但是水蜡不持久，最好可以 3 ~ 5 个月保养一次。

⑥两到三年最好为大理石重新抛光。

⑦如果大理石的光泽变暗淡，修复的方法只有一个，那就是重新研磨。

花岗岩 结构致密、质地坚硬

 建材快照

①花岗岩不仅具有良好的硬度，而且具备抗压强度好、孔隙率小、导热快、耐磨性好、抗冻、耐酸、耐腐蚀、不易风化等特性。

②花岗岩的色泽持续力强且稳重大方，比较适合古典风格和乡村风格居室。

③花岗岩相对于大理石来说花纹变化较为单调，因此一般较少用于室内地面铺设，而是多用于楼梯、洗手台面、橱柜面等经常使用的区域，有时也会作为大理石的收边装饰。

④由于花岗岩中的镭放射后产生的气体——氡，长期被人体吸收、积存，会在体内形成辐射，使肺癌的发病率提高，因此花岗石不宜在室内大量使用，尤其不要在卧室、儿童房中使用。

⑤花岗岩的价格依种类不同而略有差异，一般为 150 ~ 500 元 /m^2。

啡钻花岗岩用于壁炉外圈装饰，与居室整体的乡村风格十分相符。

各类花岗岩大比拼

品种		特点	元 /m²
印度红		结构致密、质地坚硬、耐酸碱、耐气候性好。一般用于地面、台阶、踏步等处。	≥ 200
英国棕		花纹均匀，色泽稳定，光度较好；但硬度高而不易加工，且断裂后胶补效果不好。可用于台面、门窗套、墙面等处。	≥ 160
绿星		带有银晶片，花纹独特。可用于地面、墙面、壁炉、台面板、背景墙等的制作。	1000 ~ 1500
蓝珍珠		带有蓝色片状晶亮光彩，产量少，价格高，可用于地面、墙面、壁炉、台面板、背景墙等的制作。	≥ 300
黄金麻		表面光洁度高，无放射性，结构致密、质地坚硬、耐酸碱、耐气候性好。用于建筑的内、外墙壁，地面、台面等的装饰。	≥ 200
山西黑		硬度强，光泽度高，结构均匀，纯黑发亮、质感温润雍容，是世界上最黑的花岗岩。可用于地面、墙面、台面板等的制作。	≥ 400
金钻麻		易加工，材质较软。可用于地面、墙面、壁炉、台面板、背景墙等的制作	≥ 200
珍珠白		较为稀有，其矿物化学成分稳定、岩石结构致密、耐酸性强。可用于地面、墙面、壁炉、台面板、背景墙等的制作	≥ 200
啡钻		有类似钻石形状的大颗粒花纹，纹理独特。可用于地面、墙面、壁炉、台面板、背景墙等的制作。	≥ 300

花色繁多的花岗岩可以提升居室的艺术表达效果

　　花岗岩是一种岩浆在地表以下凝结形成的火成岩，主要成分是长石和石英。质地坚硬，其硬度高于大理石，不易风化，颜色美观，外观色泽可保持百年以上。由于其硬度高、耐磨损，除了用作高级建筑装饰材料外，还是露天雕刻的首选之材。另外，由于比陶瓷器或其他任何人造材料更稀有，所以在居室内适当铺置花岗岩地板可以增加房产的价值，也可以提升居室的艺术表达效果。

卫浴面盆柜体采用山西黑花岗岩与黑镜的搭配，将空间打造得现代感十足。

珍珠白花岗岩用于玄关地面铺设，耐磨性强，且令居室视觉效果十分干净。

选购小常识

1	磨光花岗岩板材要求表面光亮，色泽鲜明，晶体裸露，规格符合标准，光泽度要求达90。
2	在1.5m距离处目测花岗岩板面，颜色应基本一致，无裂纹，无明显色斑、色线和毛面。
3	注意厚薄要均匀，四个角要准确分明，切边要整齐，各个直角要相互对应。
4	花岗岩的承重厚度不能小于9～10mm。

施工验收 TIPS

①花岗岩在室内施工多采用水泥沙施工，需要注意的是必须加入铁线辅助才能耐久，若施工于卫浴等较潮湿的空间，建议在结构面先进行防水处理。

②花岗岩常见的病变为"水斑"，水斑的形成是源于花岗岩含有石英。在施工作业的过程中与水泥接触，未干的水泥湿气渐渐往石材表面散发，而产生碱矽反应，造成石材表面部分区域色泽变深。而浅色花岗岩因含铁量较高，若遇水或潮湿时，表面易有红色锈斑产生。因此在铺设花岗岩时必须挑选品质良好的防护胶和防护粉，避免在施工时令花岗岩受到污染。

这样保养使用更持久

①保养花岗岩最重要的是彻底除尘和清洁，最好能使用吸尘器或静电拖把。

②尽量选择专用的清洁剂，若用一般的清洁剂时，务必选用中性的清洁剂，避免强酸或强碱，否则会腐蚀花岗岩的表面，进而造成破损。

③花岗岩经过长期使用，其亮度会降低，因此最好定期请专人抛光研磨，来使其恢复亮度。

④由于花岗岩的吸水性强，因此极易在石材拼缝处形成水斑，且不易晾干，很难根除。因此清洁保养时，尽量少用水，即使用水也应快速吸干。

⑤油漆或颜料滴落在花岗石上时，除了黏附在其表面上，还有一部分会渗透进浅表层。清洗前先用薄薄的刀片剥离石材表面之上的污染薄层，然后再用清洁剂清洗。

⑥如果花岗岩上产生油污、积灰和不明污垢等，可使用含有表面活性剂配方的清洗剂来清洗。清洗时先将清洗剂倒在作业面上，用略硬一点的刷子刷开，浸泡10分钟左右，再用刷子来回擦洗，然后清理掉污液，再用清水擦洗两遍。

文化石 强度高、无辐射、不易碎

 建材快照

①文化石具有防滑性好、色彩丰富、质地轻、经久耐用、绿色环保等优点。

②文化石的表面较粗糙、不耐脏、不容易清洁。

③文化石具有色泽纹路，能够保持原始风貌的特点，适合乡村田园风格的居室，可以体现出居住者崇尚自然、回归自然的文化理念。

④由于文化石表面粗糙有创伤风险，如果家里有幼童，不建议大量使用。

⑤文化石常用于电视背景墙、玄关、壁炉、阳台等的点缀装饰；因其具有吸水性，除非通风良好，否则不宜用于卫浴，以防发霉。

⑥文化石的价格依种类不同而略有差异，一般为 180～300 元 /m^2，适用于中高端家居装饰。

利用文化石塑造百变的家居容貌

文化石的款式及颜色有非常多的品种，可以从室内环境的整体风格入手来进行选款。乡村风格的室内，可以选择红色系、黄色系，图案上选择木纹石、乱片石、层岩石、鹅卵石等。除了乡村风格，文化石也较适用于现代风格的家居，颜色上建议选择黑白灰色调，款式上则没有什么具体限制。

文化石用作背景墙设计，与条纹布艺沙发相搭配，营造出一种质朴自然的田园氛围。

利用文化石作为现代风格家居中的沙发背景墙设计，令家居环境显得更加时尚、前卫。

选购小常识

1	在选购文化石时，应注意观察其样式、色泽、平整度，看看是否均匀没有杂质。
2	用手摸文化石的表面，如表面光滑没有涩涩的感觉，则质量比较好。
3	可以通过闻气味来鉴别文化石的优劣，如无气味则证明文化石比较纯正。
4	用一枚硬币在文化石表面划一下，质量好的不会留下划痕。
5	使用两块相同的文化石样品相互敲击，不易破碎则为优质产品。
6	取一块文化石细长的小条，放在火上烧，质量差的文化石很容易烧着，且燃烧很旺。质量好的文化石是烧不着的，除非加上助燃的东西，而且会自动熄灭。
7	取一块文化石样品，使劲往地上摔，质量差的文化石会摔成粉碎性的很多小块；质量好的顶多碎成两三块，而且如果用力不够，还能从地上弹起来。

施工验收 TIPS

文化石的施工相对比较简单，首先，墙面需要比较粗糙，毛坯墙面最好，木质底层则需要先加一层铁丝网，这样做能够增加水泥的抓力，使文化石粘贴得更为牢固。基层处理好以后，混合水泥砂浆，在墙面上涂抹厚度1cm左右的水泥浆，直接将文化石铺贴上即可，水泥砂浆需要填充到石缝中间。最后，用竹片将水泥砂浆刮平，也可保留粗糙的自然感。文化石的拼贴可分为密贴和留缝两种做法，层岩适合密贴，而仿砖石及鹅卵石等款式则适合留缝。另外，文化石在铺贴时一定要保持水平一致，尤其是密贴法。验收时可根据墙顶的切砖是否有歪斜的情况判断，建议每施工一排就测量一次，以免误差越来越大。

这样保养使用更持久

①文化石安装完成后，如发现石头表面被灰浆沾污，需等到灰浆半干的时候用小刷子刷掉，一定不能使用湿的刷子。

②文化石安装、清洁完成后，需整体做一次防水处理，一般采用水性防水涂料，特别是勾缝部分要全部处理到位。在日常的清洁中，一般使用含碱性的清洗剂进行清洗。

③若文化石被圆珠笔画到，不易清洗；若不慎弄脏，可用砂纸磨掉。

板岩 防滑、不需特别养护

 建材快照

①板岩不易风化、耐火耐寒，不需要特别的护理，且防滑性能出众。

②板岩的厚度为 1.2 ～ 1.5cm，每片厚度均有所差异，铺设地板时，会产生高低落差，无法像瓷砖一样平整。因此如果家中有老人和孩子，则不建议作为地面材料铺设。

③板材在室内装饰中，比较适合美式风格和乡村风格。

④板岩多用在居家空间中的客厅、餐厅、书房、卫浴和阳台。

⑤板岩的细孔不仅吸收水汽，还会吸油，水汽挥发较快，油污却会存留下来，时间长了以后会形成油渍，导致变色。所以厨房中不适合使用板岩，一定要用的话可以选择黑色的款式，平时勤用清水清洁。

⑥不同类别的板岩价格差别并不大，一般为 100 元 /m²。

一看就懂的装修材料书

选购小常识

1	将直线度公差为 0.1mm 的钢平尺自然贴放在被检面的两条对角线上，用塞尺或游标卡尺测量尺面与板面的间隙，以最大间隙的测量值表示板材的平整度，测量值精确至 0.1mm。
2	在距板材 1.5m 处站立目测，看花纹色调是否自然，符合室内装修要求。
3	板岩的可见裂纹可以采用目测法，隐含裂纹可以采用锤击法(即用金属锤敲击板材，通过声音来辨别是否有裂纹，一般是哑声)确定。

利用板岩将居室打造出浓郁的休闲度假风情

板岩本身就是天然的艺术品，具有自然天成的独特外表和多种色彩，以及令人惊艳的特殊纹理，这是其他地板砖或者同样为天然石材砖难以实现的效果。另外，板材和大理石与花岗岩相比，可以产生温暖感，适合与木作搭配，展现出浓郁的休闲度假风情。

融为一体的电视墙和壁炉墙运用板材来塑造，与周边的木作材料相搭配，令人在室内就能感受到自然的原始韵味。

施工验收 TIPS

①板岩用于铺砌墙面时，要注意保持水平从底部开始砌起，在堆砌时要小心放置，黏合剂未凝固前不要碰到石材，每次堆砌的高度，以不超过 3m 为佳。同时上下两层石片最好交错放置，避免出现垂直缝隙。

②板岩施工时一般使用浓稠度适中的灰浆作为黏着材料，铺贴在干净平整的台面上。若是贴在木板等光滑的立面，则最好使用专用的黏着剂或 AB 胶，以增加附着力。

③板岩的硬度介于花岗岩和大理石之间，可现场切割使用，但要注意衔接界面是否契合。

这样保养使用更持久

①板岩如有污损，建议立即用水性或中性清洁剂刷净，去除石材表面及施工面的污物、油脂及杂物。

②平时只需用鸡毛掸子掸去灰尘即可，另外最好使用水性透气型防护剂进行防护。

洞石　纹理清晰，具有天然感

 建材快照

①洞石具有纹理清晰、质地细密、硬度小等特性，加工适应性高，隔音性和隔热性好，可深加工，容易雕刻。

②洞石因为表面有孔，因此容易脏污；自然程度比不上天然石材。

③洞石的颜色丰富，有良好的装饰性，因此适合各种家居风格。

④洞石多用在居家空间中的客厅、餐厅、书房、卧室，以及电视背景墙。

⑤洞石的价格依产地不同，为 280 ~ 520 元 /m²。

洞石是装饰墙面的绝佳材料

若用洞石装饰墙面，其表面渐色凹凸的纹理十分具有特色，而其本身又具有孔洞，能呈现出自然纹理与视觉层次感。如果墙面的颜色与洞石本身颜色不协调，也可以重新上漆处理，不但自然味道不减，也可统一家居色调与风格。另外，每片洞石还可以依设计切割尺寸，因此可以对纹或不对纹进行拼贴，塑造出不同的家居风格。

选购小常识

1	选购洞石，最好去工厂里挑选。店铺中看到的一般都是样板，是局部石材，天然石材每块的纹路和色彩都有差别，为了获得较好的装饰效果和质量，亲自去挑选比较好。
2	选购洞石的时候，可以从产地来判断优劣。目前品质较高的天然和人造洞石多为欧洲国家进口，如意大利、西班牙等国。
3	选购洞石时，也可以依照适用空间来选择尺寸大小。例如用于墙面装饰时，建议选择尺寸较小的洞石，可以减少材料的损耗。

施工验收 TIPS

①由于天然洞石的吸水率高，在施工前最好先在其表面涂抹防护剂，以免污染或刮伤。

②在施工时，需先留出伸缩缝，一般至少要留出 2.5 ~ 3mm 的伸缩缝。

③洞石无毛细孔，因此附着力没有天然石材高，除了在施作面抹上水泥砂浆外，在其背面需另外再加上黏着剂，以增加附着力。

④洞石的验收与瓷砖的验收方式相同。使用建材时，应该首先确认洞石的平整度，以及四边是否有翘起，若有翘起，在施工时则不易贴合。

这样保养使用更持久

①使用真空吸尘器是清洁洞石的好办法，能仔细清洁洞石之间的小孔隙，能吸取碎片、灰尘甚至皮屑。

②洞石具有毛细孔，因此应该避开较潮湿的区域，在清洁时以拧干的毛巾擦拭即可。

③若洞石产生脏污，不能用未经稀释的天然石材清洁剂清洗洞石，这将导致洞石变色。可以用清水擦拭，在阳光明媚的地区，可让洞石自然风干；而在其他地区则应尽快擦干，避免水珠和水渍对石材造成影响。

用米黄色的洞石装饰墙面，令居室环境具有天然质感和原始风情。

砂岩　天然环保、无辐射、无污染

①砂岩具有无污染、无辐射、不风化、不变色、吸热、保温、防滑等优点。

②砂岩因其表面具有凹凸纹路，因此较易附着脏污。

③砂岩用于室内装饰，适合很多风格。例如，居室为波普风格时，可选用几何图形的砂岩贴于玄关或电视墙；如果居室为东南亚风格，则可以摆放砂岩佛像或大象摆件，来增加风格特征。

④砂岩可用于建筑外立面，室内墙面、地面的装饰，也可用于雕刻，砂岩雕刻是应用比较广泛的室内装饰物。

⑤砂岩的价格以是否添加 Epoxy（环氧树脂）而有所不同：添加 Epoxy 的砂岩约 1500 元 /m²，未添加 Epoxy 的砂岩约 1000 元 /m²。

利用层叠式装饰效果的砂岩来打造电视背景墙，令家居环境呈现出独特的风貌。

多变的砂岩成就居室经典设计

砂岩是所有天然石材中使用最为广泛的一种，其高贵典雅的气质、天然环保的特性成就了许多经典设计。比如，可以用于点缀局部空间，如电视背景墙及阳台地面等，用量不用很多，就可以凸显出独特的风格。如果觉得米黄色或灰色的砂岩原色过于单调，也可以选择在其表面贴加金银箔或者自行上色，将会有别样风情。另外，砂岩雕刻及雕塑也是家居中很好的装饰品。

选购小常识

1	天然砂岩会有一定色差，如果追求简单的家居环境可选购色差较小的砂岩；如追求体现不同风格、效果的家居环境，则可选择色差较大的砂岩。
2	在选购砂岩时要考虑到砂岩的天然特性，如厚度、表面平整度等。
3	砂岩石材的可塑性很高，花样、尺寸都可以定做。若是选择已有的开模款式，从订货到拿货一般需 30 ~ 45 天；若是要重新设计、制作，则约需 2 个月。

砂岩佛手雕塑为空间注入了浓郁的东南亚风情。

施工验收 TIPS

①砂岩墙面可以采用干挂法铺贴，即先在墙面上画线，如果有预埋件的可焊接角码、主龙骨、次龙骨，用金属挂件安装；没有预埋件可使用化学锚栓安装主龙骨，然后安装次龙骨，用金属挂件安装人造砂岩；最后用填缝剂密封缝隙。

②砂岩也可以直接铺贴。先拌和胶粘剂，用齿形抹刀在人造砂岩背面抹好胶，在拉好水平线的墙面上粘贴人造砂岩石；接着从下至上铺贴，干燥后美化缝隙。

这样保养使用更持久

①砂岩在搬运过程中必须注意避免磕碰；另外，从储存期到施工结束期间，石材必须避免污染，尽可能用塑料层或防污罩布覆盖，并经常扫除施工场所的垃圾等，从根本上避免污染物的产生。

②不可直接用水冲洗。砂岩是一种会呼吸的多孔材料，因此很容易吸收水分或经由水溶解而侵入污染。若吸收过多的水分及污染，不可避免地会造成如崩裂、风化、脱落、浮起、吐黄、水斑、锈斑、雾面等问题。

③不可接触酸性或碱性物品。酸常造成砂岩中硫铁矿物氧化而产生吐黄现象，而碱也会侵蚀砂岩，造成剥离现象。

④不可随意上蜡。市场上的蜡基本上都含酸碱物质，不但会堵塞砂岩呼吸的孔隙，还会沾上灰尘形成蜡垢，造成石材表面产生黄化现象。倘若必须上蜡，需请专业保养公司指导。

人造石材

造型百变，不易残留灰尘

 建材快照

①人造石材功能多样、颜色丰富、造型百变，应用范围更广泛；没有天然石材表层的细微小孔，因此不易残留灰尘。

②人造石由于为人工制造，因此纹路不如天然石材自然，不适合用于户外，易褪色，表层易腐蚀。

③人造石材的花纹及样式较为丰富，因此可以根据空间风格选择适合的人造石材进行装点。

④人造石材常常被用于台面装饰，但由于人造石材的硬度比大理石略硬，因此也很适合用于地面铺装及墙面装饰。

⑤人造石材的价格依种类不同而略有差异，一般为 200 ~ 500 元 /m²。

厨房中的岛台台面为人造石材，与整体的自然风光相吻合。

人造石材令家居装饰进入崭新的时代

　　人造石兼备大理石的天然质感和坚固的质地，以及陶瓷的光洁细腻和木材的易加工性。因此被普通运用于橱柜台面、卫浴台面、窗台、餐台、写字台、电脑台和酒吧台等。人造石材的运用和推广，标志着装饰艺术从天然石材时代进入了一个崭新的人造石材新时代。

较细颗粒感的人造石材厨房台面不仅丰富了空间的视觉效果，而且还独具艺术性。

各类人造石材大比拼

分类		特点	应用	元/m²
极细颗粒		没有明显的纹路，但石材中的颗粒感极细，装饰效果非常美观。	可用作墙面、窗台及家具台面或地面的装饰。	≥ 350
较细颗粒		颗粒感比极细粗一些，有的带有仿石材的精美花纹。	可用作墙面或地面的装饰。	≥ 360
适中颗粒		较常见，价格适中，颗粒感大小适中，应用较广泛。	可用作墙面、窗台及家具台面或地面的装饰。	≥ 270
有天然物质		含有石子、贝壳等天然物质，产量较少，价格比其他品种贵。	可用作墙面、窗台及家具台面的装饰。	≥ 450

人造石材令卫浴呈现多样风格

　　人造石洁具、浴缸，打造出个性化的卫浴，是卫浴空间的点睛之笔。它具有丰富的表现力和塑造力，提供给设计师源源不断的灵感。无论是凝重沉稳的朴素风格，还是简洁的时尚现代风格，健康环保的人造石卫浴，都有它的独到之处。

卫浴中的人造石材运用广泛，不论是洗手台面及柜面，还是地面铺装，花纹丰富的人造石材都有不可忽视的装饰效果。

利用人造石材铺贴的飘窗台面，非常容易清洁，为居住者提供了生活上的便利。

选购小常识

1	看样品颜色是否清纯不混浊，通透性好，表面无类似塑料的胶质感，板材反面无细小气孔。
2	通常纯亚克力的人造石性能更佳，纯亚克力人造石在120℃左右可以热弯变形而不会破裂。
3	鼻闻无刺鼻化学气味，亚克力含量越高的人造石台面越没有味道。
4	手摸人造石样品表面有丝绸感、无涩感，无明显高低不平感。
5	用指甲划人造石材的表面，应无明显划痕。
6	可采用酱油测试台面渗透性，无渗透为优等品；采用食用醋测试是否添加有碳酸钙，不变色、无粉末为优等品；采用打火机烧台面样品，阻燃、不起明火为优等品。

施工验收 TIPS

①人造石吸水率低、热膨胀系数大，表面光滑难以粘贴，采用传统水泥砂浆粘贴若处理不当，容易出现水斑、变色等问题。可使用专业的人造石粘贴剂来替代水泥砂浆施工，避免以上问题，在监工时一定要注意这一点。

②在施工前，要重视基底，这一环节关系到安装后的质量，基底层应结实、平整、无空鼓，基面上应无积水、无油污、无浮尘、无脱模剂，结构无裂缝和收缩缝。

③若将人造石作为地砖使用，在铺设时需要注意留缝，缝隙的宽度至少要达到2mm，为材料的热胀冷缩预留空间，避免起鼓、变形。

这样保养使用更持久

①人造石材的日常维护只需用海绵加中性清洁剂擦拭，就能保持清洁。

②若要对人造石材消毒，可用稀释后的日用漂白剂（与水调和1∶3或1∶4）或其他消毒药水来擦拭其表面。消毒后用毛巾及时擦去水渍，尽量保持台面的干燥。

③亚光表面的人造石材可用去污性清洁剂以画圆方式打磨，然后清洗，再用干毛巾擦干。可以每隔一段时间就用百洁布把整个台面擦拭一遍，使其保持表面光洁。

④半亚光表面的人造石材用百洁布蘸非研磨性的清洁剂以画圆方式打磨，再用毛巾擦干，并用非研磨性的抛光物来增强表面光亮效果。

⑤高光表面的人造石材可用海绵和非研磨性的亮光剂打磨。特难除去的污垢，可用1200目的砂纸打磨，然后用软布和亮光剂（或家具蜡）提亮。

抿石子　样式多变、选择性多

 建材快照

①抿石子具有色泽丰富、样式多变、选择性多等优点。

②由于抿石子的缝隙较多，因此不易清洗。

③抿石子所具有的特殊装饰效果，无论用在现代风格的居室，还是乡村风格的居室，或者是和式禅风的住宅均十分贴切。

④抿石子一般用于客厅和卫浴的局部装饰，也可以用于装饰阳台地面和建筑立面。

⑤抿石子的材质一般分为天然石、琉璃和宝石三种，其价格为 50 ~ 300 元 /kg。

用途广泛的抿石子令家居环境更加多样化

抿石子是一种泥作手法，是将石头和水泥砂浆混合搅拌后涂抹于粗坯墙面上，可以依照不同石头的种类与大小色泽变化，展现出独特的装饰感。抿石子既可以装点墙面、地面，也可以作为浴缸外壁的装饰物，甚至还可以作为界定空间时的地面隐性分隔带，用途十分广泛。

抿石子与石板共同铺贴的阳台地面，与天然绿植的搭配和谐自然，为居室创造出一处天然氧吧。

选购小常识

1	天然抿石子多为东南亚进口碎石制作，生产时工厂会依照颜色、粒径分类。如果铺设面积小，可购买不同色彩和大小的抿石子；若铺设面积大，最好购买搭配好的材料包，以免因批次不同会有色差。
2	琉璃抿石子是玻璃烧制的环保建材，选购时应注意品质的稳定性。
3	宝石抿石子主要是白水晶、玛瑙等材质，折光性和透光性都较好，选购时应主要注意这两方面是否达标；宝石抿石子也多为东南亚进口，单价较高。
4	宝石抿石子与琉璃抿石子容易混淆，选购时可以在灯光下仔细观察，宝石抿石子的折光效果显著，而琉璃抿石子的透光度仅如玻璃。

施工验收 TIPS

①抿石子施工前若是 RC 粗坯需先以水泥砂打底制作粗体；若立面已经水泥粉刷，则必须先打毛，才能施工，否则会有黏着不上的情况产生。

②抿石子施工时需要多个施工人员配合，同时进行铺设与检查。塑型时间较为重要，需等待混凝土稍吸水后才能进行，太快塑形会令石子剥落，太慢则表面容易干燥，导致表面水泥清洗不掉。

③下雨天最好不要对抿石子进行施工。此外，七八月份施工工艺也会受影响，因为室内外温差较大，水泥表面干得快，而里面却未干透，容易产生细小的裂痕。

④抿石子施工完成之后若表面看起来雾茫茫的，则表示清洗做得不够好，一般需清洗 3 遍以上。

这样保养使用更持久

抿石子较为常见的问题是水泥间隙发生长霉现象，这实际上跟施工时选用的材料与工法细致的程度有关。在施工时应选用具有抑菌成分的填缝剂，并于施工完成后使用防护漆将水泥间隙的毛细孔洞完全密封，把霉菌生长的可能性降到最低。

家是最令人感到放松的地方，

若想营造出自然无压的空间，

温厚的板材无疑是最合适的材料。

其温润的质地，

无论是用于顶面，还是墙面，

都能令人从紧张的生活节奏中得到释放。

Chapter ②
装饰板材

石膏板

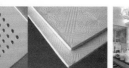 

木饰纹面板

细木工板

科定板

石膏板 保温隔热、易加工

 建材快照

①石膏板具有轻质、防火、加工性能良好等优点，而且施工方便、装饰效果好。

②石膏板受潮会产生腐化，且表面硬度较差，易脆裂。

③石膏板的分类广泛，不同种类适用于不同的家居环境，如平面石膏板适用于各种风格的家居；而浮雕石膏板则适用于欧式风格的家居。

④不同品种的石膏板使用的部位也不同。如普通纸面石膏板适用于无特殊要求的部位，像室内吊顶等；耐水纸面石膏板因其板芯和护面纸均经过了防水处理，所以适用于湿度较高的潮湿场所，如卫浴等。

⑤石膏板的价格低廉，一般为 40 ~ 150 元 / 张。

一看就懂的装修材料书

平面石膏板吊顶十分符合现代风格的居室，能体现出简洁大方的居室特征。

石膏板吊顶令室内装饰立体感极强

纸面石膏板的表面平整，板块之间通过接缝处理可形成无缝对接，面层非常容易装饰，且可搭配使用的材料非常多样，如乳胶漆、壁纸等。它能够代替木质线条来制作各种石膏装饰板的吊顶，使室内装饰立体感强，整体性好。

带有雕花图案的石膏板吊顶将欧式风格的居室衬托得极具风情。

各类石膏板大比拼

品种		应用场所	适用风格	规格	元 / 张
平面石膏板		干燥环境中的吊顶、墙面造型、隔墙的制作。	各种风格	长 2400mm、宽 1200 mm、高 9.5 mm	40 ~ 105
浮雕石膏板		干燥环境中吊顶、墙面造型及隔墙的制作。	欧式风格、中式风格	可根据具体情况定制加工	85 ~ 135
防水石膏板		适用于厨房、卫浴间等潮湿环境中的吊顶及隔墙制作。	各种风格	长 2400 mm、宽 1200 mm、高 9.5 mm	55 ~ 105
穿孔石膏板		用于干燥环境中吊顶造型的制作。	各种风格	长 2400 mm、宽 1200 mm、高 9.5 mm	40 ~ 105

性价比极高的石膏板是打造背景墙的宠儿

在家居装饰中，石膏板是塑造背景墙应用最广泛的装修材料之一。这主要源于石膏板具有良好的装饰效果和较好的吸音性能，价格也较其他装修材料低廉。此外，石膏板的图案很多，主要有带孔、印花、压花、贴砂、浮雕等，可以根据空间及个人的审美风格来选择。

造型感十足的石膏板为简单的居室环境带来了视觉上的变化，搭配镜面使用则令空间更加通透。

带有花朵装饰的石膏板与黑镜搭配，打造出一面简洁、干净的电视背景墙。

选购小常识

1	纸面好坏直接决定石膏板的质量，优质纸面石膏板的纸面轻且薄，强度高，表面光滑没有污渍，韧性好。劣质板材的纸面厚且重，强度差，表面可见污点，易碎裂。
2	高纯度的石膏芯主料为纯石膏，质量较差的石膏芯则含有很多有害物质，从外观看，好的石膏芯颜色发白，劣质的则发黄，颜色暗淡。
3	用壁纸刀在石膏板的表面画一个"X"，在交叉的地方撕开表面，优质的纸层不会脱离石膏芯，而劣质的纸层可以撕下来，使石膏芯暴露出来。
4	相同大小的板材，优质的纸面石膏板通常比劣质的要轻。可以将小块的板材泡到水中进行检测，相同的时间里，最快掉落水底的板材质量最差，浮在水面上的则质量较好。
5	石膏板的检验报告有一些是委托检验，委托检验可以特别生产一批板材送去检验，并不能保证全部板材的质量都是合格的。而还有一种检验方式是抽样检验，是不定期地对产品进行抽样检测，有这种的报告的产品质量更具保证。

施工验收 TIPS

①对石膏板进行施工时，面层拼缝要留 3mm 的缝隙，且要双边坡口，不要垂直切口，这样可以为板材的伸缩留下余地，避免变形、开裂。

②纸面石膏板必须在无应力状态下进行安装，要防止强行就位。安装时用木支撑临时支撑，并使板与骨架压紧，待螺钉固定完，才可撤出支撑。安装固定板时，应从板中间向四边固定，不可以多点同时作业，固定完一张后，再按顺序安装固定另一张。

这样保养使用更持久

①石膏板在搬运时宜两人竖抬，平抬可能会导致板材断裂。

②石膏板的存放处要干燥、通风，避免阳光直射。存放的地面要平整，最下面一张与地面之间、每张板材之间最好添加至少 4 根 100mm 高的垫条，平行放置，使板材之间保留一定距离。单板不要伸出垛外，可斜靠或悬空放置。如果需要在室外存放，需要注意防潮。

硅酸钙板

质轻、防火、环保

 建材快照

①硅酸钙板具有强度高、重量轻的优点，并有良好的可加工性和不燃性，不会产生有毒气体。

②硅酸钙板安装后更换不容易，安装时需用铁质龙骨，因此施工费用较贵。

③硅酸钙板比较适用于现代风格、简约风格，以及北欧风格的家居环境。

④硅酸钙板是吊顶和轻质隔间的主要板材，但需要注意的是硅酸钙板不耐潮，在湿气高的地方（如卫浴）容易软化；另外若用硅酸钙板作壁材，不宜悬挂重物。

⑤硅酸钙板的发源地是日本，另外中国台湾和内地均有量产。价格上日本产的最高，中国台湾产的居中，内地产的价格最低。价格为 40 ~ 150 元 / 张。

种类多样的硅酸钙板成为美化家居的好帮手

硅酸钙板作隔间壁材使用时，外层可覆盖木板。若要美化板材，可以漆上喜好的色彩或粘贴壁纸；若不想另外上漆或粘贴壁纸，也可以选择表层印有图案的硅酸钙板，即俗称的"化妆板"，化妆板的图案很多，有仿木纹、仿大理石等，选择种类繁多。

选购小常识

1	看产品是否环保，是否符合 GB 6566-2001《建筑材料放射性核素限量》标准规定的 A 类装修材料要求。
2	在选购时，要注意看背面的材质说明，部分含石棉等有害物质的产品会有害健康。
3	市面上有些商家会出售仿造的日本出口产品，因此最好向销售人员索要出厂证明，并比对板材上所附的流水号码，看其是否为同一批次的硅酸钙板。

客厅沙发背景墙用硅酸钙板做装饰，既美化了空间，也能保障居家安全。

施工验收 TIPS

①硅酸钙板在施工时，会有钉制的痕迹，因此外层需要上一层墙面漆，或者覆盖装饰面板、壁纸等作美化处理。

②施工时，为了避免日后热胀冷缩的变化，造成墙壁的变形，在板材与板材之间可保留 0.2 ~ 0.3cm 的间隙，为变化做准备，避免发生变形。

③采用硅酸钙板作为吊顶材料时，以厚度为 6mm 的产品最为常用；施工费用为连工带料 160 ~ 200 元 /m²。

④若硅酸钙板用于墙面施工，必须搭配轻质隔墙板来施工，轻间隔大致可分为干挂、湿式施工两种。干挂施工用木骨架搭配 C 型钢，并填入隔音棉；湿式施工则是在两块硅酸钙板中，以 C 型钢填入轻质填充浆。

这样保养使用更持久

硅酸钙板在日常清洁时，用清水擦拭即可；若选择表层印有图案的化妆板，因为印纸具有抗酸性，若有脏污，可用清洁剂、松香水或去渍油等溶剂直接擦拭。

PVC 扣板

质轻、防潮、易清洁

① PVC 扣板表面的花色图案变化丰富，并且具有重量轻、防水、防潮、阻燃等优点，且安装简便。

② 由于 PVC 扣板的主材是塑料，因此缺点为物理性能不够稳定，即便 PVC 不遇水，或者离热源较近，时间长了也会变形。

③ PVC 扣板的花色、图案很多，可以根据不同的家居环境进行选择。比如，田园风格的家居可以选择米黄色带有花纹的板材；而中式风格的居室可以选格花图案的板材；现代和简约风格的居室则可以选择纯色板材。

④ PVC 扣板多用于室内厨房、卫浴的顶面装饰。其外观呈长条状居多，宽度为 200～450mm，长度一般有 3000mm 和 6000mm 两种，厚度为 1.2～4mm。

⑤ PVC 扣板的价格低廉，一般为 10～65 元/m。

PVC 吊顶型材给单调的空间增添丰富的色彩

PVC 吊顶型材是中间为蜂巢状空洞、两边为封闭式的板材。表层装饰有单色和花纹两种，花纹又有仿木兰、仿大理石、昙花、蟠桃、格花等多种图案；花色品种又分为乳白、米黄、湖蓝等色，可以给单调的空间增添一些色彩。

米白色与橡皮粉色的 PVC 板材相间搭配，为厨房带来了色彩上的层次变化。

带有花纹图案的 PVC 板材丰富了卫浴吊顶的视觉层次。

	选购小常识
1	外表要美观、平整、色彩图案要与装饰部位相协调。无裂缝、无磕碰、能装拆自如，表面有光泽、无划痕；用手敲击板面声音清脆。
2	PVC扣板的截面为蜂巢状网眼结构，两边有加工成型的企口和凹榫，挑选时要注意企口和凹榫完整平直，互相咬合顺畅，局部没有起伏和高度差现象。
3	用手折弯不变形，富有弹性，用手敲击表面声音清脆，说明韧性强，遇有一定压力不会下陷和变形。
4	拿小块板材用火点燃，看其易燃程度，燃烧慢的说明阻燃性能好，其氧指数应该在30以上，才有利于防火。
5	如带有强烈刺激性气味则说明环保性能差，对身体有害，应选择刺激性气味小的产品。
6	产品的性能指标应满足热收缩率＜0.3%、氧指数＞35%、软化温度80℃以上、燃点300℃以上、吸水率＜15%、吸湿率＞4%。

施工验收 TIPS

①先测量需要安装吊顶的尺寸，这一步在PVC扣板吊顶安装过程中是至关重要的，以后的选材、安装都要根据这个尺寸来。

②根据同一水平高度装好收边角系列，按照合适的间距吊装轻钢龙骨（38或50的龙骨），一般间距1～1.2m，吊杆距离按轻钢龙骨的规定分布。

③把预装在PVC扣板龙骨上的吊件，连同PVC扣板龙骨紧贴轻钢龙骨并与轻钢龙骨成垂直方向扣在轻钢龙骨下面，PVC扣板龙骨间距一般为1m，全部装完后必须调整水平（一般情况下建筑物与所要吊装的铝板的垂直距离≤600mm时，不需要在中间加38龙骨或50龙骨，而使用龙骨吊件和吊杆直接连接）。

④将PVC扣板按顺序并列平行扣在配套龙骨上，连接时用专用龙骨连接件接驳。

⑤板面安装时必须戴手套，如不慎留下指印或污渍，可用洗洁精清洗，好的安装工艺拆卸方便。

这样保养使用更持久

①PVC扣板板缝间易堆积污渍，清洗时可用刷子蘸清洗剂刷洗后，用清水冲净；需要注意的是照明电路处不要沾水。

②PVC吊顶型材若发生损坏，更换十分方便，只要将一端的压条取下，将板逐块从压条中抽出，用新板更换破损板再重新安装，压好压条即可。更换时应注意新板与旧板的颜色需一样，不要有色差。

铝扣板 质感、装饰感强

 建材快照

①铝扣板耐久性强，不易变形、不易开裂，质感和装饰感方面均优于 PVC 扣板，且具有防火、防潮、防腐、抗静电、吸声等特点。

②铝扣板吊顶的安装要求较高，特别是对于平整度的要求最为严格。

③铝扣板的款式较多，可以适应任何家装风格的装修需求。

④铝扣板在室内装饰装修中，多用于厨房、卫浴的顶面装饰。

⑤建材市场上的铝扣板品牌不少，价格约为 30 ~ 500 元 /m²，其中优质的铝扣板是以铝锭为原料，加入适当的镁、锰、铜、锌、硅等元素而组成。

选购小常识

1	铝扣板质量好坏不全在于薄厚（家庭装修用 0.6mm 已足够），而在于铝材质地。有些杂牌铝扣板用的是易拉罐铝材，因为铝材不好，没有办法很均匀地拉薄，只能做厚一些。
2	拿一块样品敲打几下，仔细倾听，声音脆的说明基材好，声音发闷说明杂质较多。
3	拿一块样品反复掰折，看漆面是否脱落、起皮。好的铝扣板漆面只有裂纹、不会有大块油漆脱落；好的铝扣板正背面都要有漆，因为背面的环境更潮湿。
4	铝扣板的龙骨材料一般为镀锌钢板，龙骨的精度误差范围越小，精度越高，质量越好。
5	覆膜铝扣板和滚涂铝扣板表面不好区别，但价格却有很大差别。可用打火机将板面熏黑，覆膜板容易将黑渍擦去，而滚涂板无论怎么擦都会留下痕迹。

购买集成铝扣板吊顶最省力

很多商家推出了集成式铝扣板吊顶，包括板材的拼花、颜色，灯具、浴霸、排风的位置都会设计好，而且负责安装和维修，比起自己购买单片铝扣板拼接更为省力、美观。

采用拼花形式的铝扣板装饰卫浴吊顶，更具个性。

施工验收 TIPS

铝扣板在安装时需要在装配面积的中间位置垂直次龙骨方向拉一条基准线，对齐基准线向两边安装。安装时，轻拿轻放，必须顺着翻边部位顺序将板材两边轻压，卡进龙骨后再推紧。铝扣板安装完后，需用布把板面全部擦拭干净，不得有污物及手印等。

这样保养使用更持久

①铝扣板在家庭中多用于厨房和卫浴中，比较潮湿且容易积聚水汽，经常清洁能够保持美观，延长使用板材的寿命。一般用清洁剂擦一遍，再用清水擦一遍即可，要使用中性清洁剂，不能用碱性和酸性的清洁剂。

②铝扣板装拆方便，每件板均可独立拆装，方便施工和维护。如需调换和清洁吊顶面板时，可用磁性吸盘或专用拆板器快速取板。

装饰线板

增加空间美观度

 建材快照

①装饰线板具有防火、质轻，防水、防潮，不龟裂、防虫蛀，尺寸可根据具体情况定制等优点。

②装饰线板的缺点为材质会热胀冷缩，接缝处会产生开裂。

③装饰线板的品种繁多，根据装饰线造型的不同，适用于不同风格的室内环境。

④装饰线板适用于顶面与墙面的衔接处，可以丰富层次感；在客厅、餐厅、书房、卧室、儿童房中的应用较广泛。

⑤装饰线板的基本线条约 20 元 /m，雕花上色的款式为 20 ~ 50 元 /m。

装饰线板用于顶面和墙面的衔接处，可以丰富空间的层次，也令空间的欧式风情更加浓郁。

装饰线板是丰富室内层次感的最佳帮手

家居空间中，尤其是简装的空间，墙面和顶面之间的衔接过于直白，会产生单调感，这时可采用装饰线板来做装饰。此外，方便雕刻、容易上色的 PU 材质的装饰线板还可以雕刻出小天使、葡萄藤蔓、壁炉花纹、几何图形等，还有仿古白、金箔色、古铜色等各种色系供选择，可以装饰在门上或墙上，与同系列的装饰线组合使用更出彩。

选购小常识

1	选购时可以掂量一下装饰线板的重量，密度不达标的装饰线板较轻。
2	装饰线板是以模具制作而成，好的线板花样立体感十足，在设计和造型上均细腻别致。
3	装饰线板的宽度有多种选择，可参考室内面积来定宽窄。面积大的空间搭配宽一些的款式较协调，雕花或纹路可以复杂一些，来彰显华美效果，特别是欧式风格的居室；而面积小一些的空间，建议采用窄一些的线条，款式以简洁为佳。

欧式风格的吊顶中，采用装饰线板作装饰，美化环境的同时，也与周围环境融为一体。

施工验收 TIPS

①施工时先在线板的底部接缝处涂一层万用胶，使线板与壁面紧密接合，除了能降低热胀冷缩的情况，还能有效降低气枪使用次数，并维持线板的外观完整度。

②着钉的时候钉孔要确实，若有钉头出现，要在不影响木纹的情况下用钉冲把钉子钉入。

③线板的角与角之间，要特别注意线与纹路是否吻合，要做好密合工作。

这样保养使用更持久

①装饰线板的材质相当容易保养及清洁，只要用干布擦拭或拍掉灰尘即可，尽量不要使用水来擦拭线板表面，避免出现掉漆的情况，以延长装饰线板的使用年限。

②PU材质的装饰线板不可以使用有腐蚀性的清洁剂（如松香水等）进行擦拭，否则会造成线板损毁。

木纹饰面板

保温隔热、易加工

 建材快照

①木纹饰面板具有花纹美观、装饰性好、真实感强、立体感突出等特点，是目前室内装饰装修工程中常用的一类装饰面材。

②木纹饰面板一定要选择甲醛释放量低的板材。

③木纹饰面板的种类众多，色泽与花纹都有很多选择，因此各种家居风格均适用。

④木纹饰面板在装修中起着举足轻重的作用，使用范围非常广泛，门、家具、墙面上都会用到，还可用作墙面、木质门、家具、踢脚线等部位的表面饰材。

⑤由于木纹饰面板的品质众多，产地不一，因此价格差别较大，从几十元到上百元的板材均有很多选择。

木纹饰面板令居室更具温馨与质朴感

在进行家庭装修中的墙面设计时，木纹饰面板是最为常用的装饰材料之一。木纹饰面板不仅可以令居室更具温馨感，同时可以令空间呈现出自然的原始状态，给人以质朴的空间感受。如果觉得木纹饰面板过于单调，可以通过造型和装饰来丰富空间视觉效果，如木纹饰面板和装饰画的结合运用。

柚木饰面板的沙发背景墙加入中式装饰元素，极具古韵。

沙比利饰面板打造的沙发墙因装饰画的加入而更凸显出居室的欧式风情。

各类木纹饰面板大比拼

品种		特点	元 /m²
榉木		分为红榉和白榉，纹理细而直或带有均匀点状。木质坚硬、强韧，干燥后不易翘裂，透明漆涂装效果颇佳。可用于壁面、柱面、门窗套及家具饰面板。	85 ~ 290
水曲柳		分为水曲柳山纹和水曲柳直纹。呈黄白色，结构细腻，纹理直而较粗，胀缩率小，耐磨，抗冲击性好。	70 ~ 320
胡桃木		常见有红胡桃、黑胡桃等，在涂装前要避免表面划伤泛白，涂刷次数要比其他木饰面板多 1 ~ 2 道。透明漆涂装后纹理更加美观，色泽深沉稳重。	105 ~ 450
樱桃木		装饰面板多为红樱桃木，暖色赤红，合理使用可营造高贵气派的感觉。价格因木材产地差距比较大，进口板材效果突出，价格昂贵。	85 ~ 320
柚木		包括柚木、泰柚两种，质地坚硬，细密耐久，耐磨耐腐蚀，不易变形，胀缩率是木材中最小的一种。	110 ~ 280
枫木		可分直纹、山纹、球纹、树榴等，花纹呈明显的水波纹，或呈细条纹。乳白色，色泽淡雅均匀，适用于各种风格的室内装饰。	约 360
橡木		可分为直纹和山纹，花纹类似于水曲柳，但有明显的针状纹或点状纹。有良好的质感，质地坚实，使用年限长，档次较高。	110 ~ 580
花梨木		可分为山纹、直纹、球纹等，颜色黄中泛白，饰面用仿古油漆别有一番风味，非常适合用在中式风格的居室内。	120 ~ 360
沙比利		可分为直纹沙比利、花纹沙比利、球形沙比利。加工比较容易，上漆等表面处理的性能良好，特别适用于复古风格的居室。	70 ~ 430

板材家具令家居环境呈现出浓郁的自然风情

除了作为墙面装饰，板材家具在家居中也运用广泛，其中以北欧风格的家居最为常见。另外，板材打造的整体橱柜更是被广泛地运用到田园、乡村风格的家居中，其天然的纹理可以令空间呈现出浓郁的自然风情。

白桦木饰面板的纹理清晰，呈现出天然的质感。

红桦木整体橱柜在色彩上更加鲜明，与大窗户一起，提升了空间的亮度。

选购小常识	
1	观察贴面（表皮），看贴面的厚薄程度，越厚的性能越好，油漆后实木感越真、纹理也越清晰、色泽鲜明、饱和度好。
2	天然板和科技板的区别：前者为天然木质花纹，纹理图案自然变异性比较大、无规则；而后者的纹理基本为通直纹理，纹理图案有规则。
3	装饰性要好，其外观应有较好的美感，材质应细致均匀、色泽清晰、木色相近。
4	表面应光洁、无明显瑕疵、无毛刺沟痕和刨刀痕；表面有裂纹裂缝，节子、夹皮，树脂囊和树胶道的尽量不要选择。
5	应无透胶现象和板面污染现象；无开胶现象，胶层结构稳定。要注意表面单板与基材之间、基材内部各层之间不能出现鼓包、分层现象。
6	要选择甲醛释放量低的板材。可用鼻子闻，气味越大，说明甲醛释放量越高，污染越厉害，危害性越大。
7	应购买有明确厂名、厂址、商标的产品，并向商家索取检测报告和质量检验合格证等文件。

施工验收 TIPS

①使用木纹饰面板作柜体层板时，要注意饰面板的方向，以免变形；另外要注意贴边皮的收缩问题，宜选用较厚的饰面板，在不影响施工的情况下，用较厚的皮板或较薄的夹板底板，避免产生变形。

②木纹饰面板在墙面施工时，要注意纹路上下要有正片式的结合，纹路的方向性要一致，避免拼凑的情况发生，影响美观。

这样保养使用更持久

木纹饰面板施工之后，通常会加工贴皮或是上漆，平时保养用拧干的湿布擦拭，做好基础保养即可；另外，要保证家居环境不要过于潮湿，才能确保木纹饰面板的耐用性。

细木工板

握钉力好、强度高、绝热

 建材快照

①细木工板具有质轻、易加工、握钉力好、不变形等优点。

②细木工板在生产过程中大量使用尿醛胶，甲醛释放量普遍较高，环保标准普遍偏低，这也是大部分细木工板都有刺鼻味道的原因。

③细木工板的主要部分是芯材，种类有许多，如杨木、桦木、松木、泡桐等，多纹理的选择，使其适用于任何家居风格。

④细木工板的用途非常广泛，可用于墙面造型基层及家具、门窗造型基层的制作；但细木工板虽然比实木板材稳定性强，但怕潮湿，施工中应注意避免用于厨卫空间。

⑤细木工板的价格为 120 ~ 310 元 / 张，可根据实际情况来选择。

家庭装修使用细木工板要严防甲醛超标

家庭装修只能使用 E0 级或者 E1 级的细木工板。如果使用 E2 级的细木工板，即使是合格产品，其甲醛含量也可能要超过 E1 级细木工板 3 倍多，所以绝对不能用于家庭装饰装修。使用中要对不能进行饰面处理的细木工板进行净化和封闭处理，特别是在背板、各种柜内板和暖气罩内等，可使用甲醛封闭剂、甲醛封闭蜡，以及消除和封闭甲醛的气雾剂等，在装修的同时使用效果最好，一般 100m² 左右的居室使用细木工板不要超过 20 张。

家居墙面可以用细木工板来做造型基层，再配以各种饰面，丰富空间的视觉层次。

细木工板造型面层多会搭配混油或者饰面板饰面，应用广泛。

选购小常识

1	细木工板的质量等级分为优等品、一等品和合格品,细木工板出厂前,会在每张板背右下角加盖不褪色的油墨标记,标明产品的类别、等级、生产厂代号、检验员代号;类别标记应当标明室内、室外字样。如果这些信息没有或者不清晰,应避免购买。
2	用手触摸,展开手掌,轻轻平抚细木工板板面,如感觉到有毛刺扎手,则表明质量不高。
3	用双手将细木工板一侧抬起,上下抖动,倾听是否有木料拉伸断裂的声音,有则说明内部缝隙较大,空洞较多。优质的细木工板应有一种整体、厚重感。
4	从侧面拦腰锯开后,观察板芯的木材质量是否均匀整齐,有无腐朽、断裂、虫孔等,实木条之间缝隙是否较大。
5	将鼻子贴近细木工板剖开截面处,闻一闻是否有强烈刺激性气味。如果细木工板散发清香的木材气味,说明甲醛释放量较少;如果气味刺鼻,说明甲醛释放量较多。
6	向商家索取细木工板检测报告和质量检验合格证等文件,细木工板的甲醛含量≤1.5kg/L 才可直接用于室内,而 ≤ 5kg/L 必须经过饰面处理后才允许用于室内。

Chapter

2

装饰板材

043

施工验收 TIPS

　　做罩面板的细木工板应事先挑选好,分出不同色泽和残次品,然后按设计尺寸裁割、刨边(倒角)加工,并用 15mm 枪钉将细木工板固定在木龙骨架上。如果用铁钉则应使钉头砸扁埋入板内达 1mm。要求布钉均匀,钉距 100mm 左右。粘贴细木工板时要采用专用胶粘贴。

这样保养使用更持久

　　①细木工板因其表面较薄,因此严禁硬物或钝器撞击。

　　②使用细木工板条时,应在地上横垫 3 根高度在 5cm 以上的木方条,把细木工板平放其上,防止变形、扭曲。

　　③使用细木工板的房间要保持通风良好,防潮湿、防日晒;并且要避免与油污或化学物质长期接触,腐蚀表面。

欧松板 低甲醛、结实耐用

 建材快照

①欧松板具有质轻、易加工、握钉能力强、结实耐用等优点；其甲醛释放量几乎为零，可与天然木材相比，是真正的绿色环保建材。

②欧松板的缺点是厚度稳定性较差。由于刨花的大小不等，铺装过程中的刨花方向和角度不能保证完全水平和均匀，对厚度稳定性有一定的影响。

③欧松板其特有的纹理，适用于乡村风格、现代风格的家庭装修。

④欧松板是目前世界范围内发展最迅速的板材，无论是做家具，还是隔墙、背景墙等造型类板材，欧松板都可以胜任；另外欧松板还常被用作吸音板。

⑤欧松板的市场价格与高档细木工板相当，为 130 ~ 350 元 / 张。

带有特殊纹理的欧松板令居室更具特色

由于欧松板本身就自带特有的木质纹理，因此可以直接用作装饰面材。一般来说板材较适用于乡村风格的家居环境，欧松板也不例外，但由于欧松板的纹理较为特别，用于现代风格的装修中也丝毫没有违和感。

选购小常识

1	欧松板是细木工板的升级换代产品，采用高级环保材料制作。因其十分受用户青睐，自然会有不少假冒伪劣产品，消费者在选购时一定要认准品牌。
2	欧松板内部任何位置都没有接头、缝隙、裂痕，因此好的欧松板应该具有良好的整体均匀性，无论中央、边缘都具有普通板材无法比拟的平整度。
3	欧松板以木芯为原料，通过专用设备加工成长 40 ~ 100mm、宽 5 ~ 20mm、厚 0.3 ~ 0.7mm 的刨片，在选购时应注意其厚度是否符合标准。

欧松板可直接作为面材，更具个性。

施工验收 TIPS

①欧松板在施工方法上与其他板材差异不大，但在表面处理上稍有不同：如果喜欢欧松板本色可以做透明涂饰，也可以刷混油；欧松板表面如果不是砂光的，可用水性涂料、水性防火涂料和腻子。如果喜欢别的图案，可以做贴面处理，也可以直接贴防火板、装饰板及铝塑板，但不能贴木皮。

②欧松板在侧面握钉时，应先用电钻打小孔，再上自攻钉。另外，建议欧松板都用实木收边。

这样保养使用更持久

①当制品表面有刮痕或需进行凹痕维修时，较简单的补救方法是用棉球或画笔，在家具表面涂上颜色相近的鞋油。

②定期用软布蘸水清洁欧松板制品。去除制品表面的水迹时，应用干净的吸水纸铺在水迹上，用加热熨斗压在上面令水迹蒸发，也可用沙拉油、牙膏涂抹，擦干后上蜡；若去除白印，最佳的办法是用布蘸烟灰与柠檬汁或沙拉油的混合物涂抹，擦干后上蜡。否则，会失去光泽。

澳松板 稳定性好、综合性能高

①澳松板的稳定性很好，可以弯曲成曲线状，具有很高的内部结合强度。

②澳松板的缺点是不容易吃普通钉；此外，这种板材节疤和不平的现象较多。

③澳松板适用于任何风格的家居环境。

④澳松板一般被广泛用于墙面造型基层、家具等方面，其硬度大，适合做衣柜、书柜，不会变形，甚至做地板也十分适用。

⑤澳松板和欧松板的价格相当，为 130 ～ 350 元 / 张。

选购小常识

1	澳松板可以观看其颜色，如果板芯片发黑，可以判定板材的质量不好，应该选择板芯接近树木原色的板材。
2	优质澳松板闻起来没有刺鼻的气味，而有淡淡的松木香味；假澳松板闻起来有刺鼻的气味，表面粗糙。
3	优质澳松板横切面均匀，板材上没有中文标记。可以向商家索要原产地澳大利亚给中国经销商的授权书等相关资料。
4	把澳松板立起后迎着阳光看实木条的缝隙是否很大，大的会看到缝隙处有透白。
5	用尖嘴器具敲击澳松板表面，敲击表面如果声音清脆干净，则表明密度比较高，如声音沉闷则密度较低。
6	可以采用"试水法"鉴别澳松板的优劣，劣质板材会加倍膨胀，变得很厚，而优质板材则几乎没有变化。

澳松板为家居环境带来多样风情

澳松板具有极好的同质结构和独特的强度及稳定性，结构要比普通的国产密度板均匀、容易加工，可以雕刻或加工各种异形的边缘，能得到曲面设计造型效果。另外，其光滑的表面易于加工美化，可以为家居环境带来多样的风情。

澳松板可以替代胶合板，用于墙面造型的制作。

施工验收 TIPS

每一张澳松板都经过高精度的砂磨，无需在表面刮腻子，只需用腻子填补钉子、螺钉等留下的钉孔，待干燥后刮平并用砂纸打磨，为了得到理想的结果，上一层底漆是关键，建议这层漆尽量薄。同时在各层间轻轻砂磨并去掉尘土，使喷涂材料毫无困难地喷上，保证长时期的附着力。

这样保养使用更持久

由于欧松板制作的家具往往都会上底漆，因此在清除表面污迹时，采用软的棉布擦拭即可；若污迹太重，则可使用中性清洁剂、牙膏或家具专用清洗剂去污后再擦干。

科定板　低甲醛、施工步骤简单、费用低

①科定板木纹皮的原材料为原木，经过一系列加工之后，在出厂前涂上环保面漆，节省施工步骤，费用更低，更环保。

②科定板施工时与一般涂装板材缺点相同，若圆弧造型弧度小于120°，便无法施工。

③科定板的纹理丰富，适用于任何风格的家居环境。

④科定板可用于墙面饰面或粘贴桌、柜、梁柱等木质材料或夹板的表面。

⑤科定板的价格为 150 ～ 420 元 / 张，比传统涂装板材加上喷漆的费用更便宜。

一看就懂的装修材料书

可定做花纹的科定板更适应不同的居室风格特征

用科定板打造的电视背景墙，既简单，又令居室呈现出简洁的魅力。

科定板是采用科技木皮（再生木皮）制作而成的板材，可以重新还原各种稀有珍贵木材，还能够改造原木材缺陷，如天然木材的变色、虫孔等问题。另外，由于科定板属于加工板材，因此可以事先选择板材的纹路与颜色，交给厂家定做，以适应不同家庭装修的风格特征。

使用低甲醛涂料与环保染剂的绿色建材科定板，最常用于制作收纳柜。

选购小常识

1	优质的科定板属于绿色环保建材，表面光滑，色彩丰富，选购时应注意表层的质量。
2	由于科定板的表面以德国环保 UV 漆于工厂进行涂膜，完全无毒无害，购买时要注意有无刺鼻气味。
3	选择符合规范的厚度：每张科定板都以 2.7 ~ 3.6 mm 厚的板材为底材，并用无毒环保胶粘贴上 0.25 ~ 0.6mm 厚的木皮。

施工验收 TIPS

科定板在进行施工时，应避免使用强力黏胶，可以使用低甲醛的白胶粘合，若担心黏性差，可以使用射钉枪进行固定，然后补腻子。

这样保养使用更持久

①科定板制品宜避免太阳直射，高温环境会影响板材与木皮的黏合性，容易褪色、翘皮。

②由于科定板抗酸碱，非常好保养，平时用清水擦拭即可，若遇到难去掉的污渍，可以用酒精进行清洁擦拭。

美耐板 耐刮、价格亲民

 建材快照

①美耐板耐刮，可避免刮伤、刮花问题，可选择花色多，仿木纹非常自然、舒适；价格经济实惠，如有损坏可全部换新。

②美耐板的缺点是转角处会有接痕和缝隙，不能于同一处长时间放置高温物体。

③美耐板的纹理简单、自然，比较适用于现代风格和混搭风格的家居环境。

④美耐板在客厅、餐厅、卧室、书房中都有广泛运用，尤其是厨房的橱柜柜体一般都是用美耐板加工而成。

⑤美耐板用作整体橱柜的价格一般为 2000 元 / 延米起。

花纹丰富的美耐板为居室带来百变风情

美耐板由高级进口装饰纸、牛皮纸经过含浸、烘干、高温高压等工序加工制作而成。由于美耐板的花色很多，有木纹、金属、石材等，以及各种颜色，因此在家居中运用广泛。例如，素色的美耐板，可以令家居空间显得整洁、利落；金属面的美耐板则可以为居室装饰出奢华及科技感；特殊花纹的美耐板会令空间呈现出更独特的风情。

选购小常识

1	当两种不同材质的美耐板搭配使用时，因外在环境将产生不同伸张，为达到较好的平衡效果，选购时最好选用同一厂家生产的背板贴于底部，可减少板材扭曲变形的问题。
2	美耐板虽具有防潮、耐污的特性，但若长久处于潮湿空间中，仍会出现脱胶现象，因此在选购时，要根据使用区域来选择，如卫浴就应该采用防潮效果加倍的美耐板。

施工验收 TIPS

　　美耐板施工简单，但由于美耐板板材仅10mm厚，故需要粘贴在基材上使用。可以先准备比基材大些的美耐板，以白胶或强力胶均匀涂布在基材及美耐板背面，等待5～10分钟后，再将美耐板与基材黏合，以滚轮或压力机等工具压匀即可。需要注意避免残留空气在里面，以确保黏合平顺。接着再将超过基材部分的美耐板以碳钢制工具修边整齐。注意修边要干净整齐，没有缺口，才能呈现最完美的施工效果及避免手脚刮伤问题。最后再以小抹布将溢出的胶清洁干净。

这样保养使用更持久

①美耐板只需使用湿布或者温和性质的清洁剂清洁即可，也可以用软毛尼龙刷轻刷表面维持清洁；应避免使用酸性清洁剂，酸性清洁剂会让美耐板造成无可避免的损坏。

②虽然美耐板耐磨，但不要用刀子或尖锐的物品在美耐板上进行切割，避免破坏表面，因为如果留下痕迹，很容易渗入水分，而引起表面膨胀的问题。

深色木纹的美耐板柜体，为空间定调，流露出温暖、沉稳的气息。

桑拿板 防腐、防水、耐高温

①桑拿板是经过高温脱脂处理的板材，能耐高温，不易变形；插接式连接，易于安装。

②桑拿板做吊顶容易沾油污，不经过处理的桑拿板防潮、防火、耐高温等较差。

③桑拿板的木质纹理，十分适合乡村风格的家居环境。

④桑拿板应用广泛，除了应用在桑拿房外，还可以用作卫浴、阳台吊顶；还可以局部使用，如在飘窗中的应用；此外，桑拿板也可以作为墙面的内外墙板。

⑤市面上比较好的桑拿板价格为 35 ~ 55 元 $/m^2$，安装费为 45 ~ 55 元 $/m^2$。

不用种类的桑拿板适用空间也不同

桑拿板除了用于桑拿房还可用于卫浴的顶面、墙面装饰。

桑拿板的用途和种类有很多，一般市面上常见的桑拿板有樟子松、红雪松和芬兰木云杉等材质。如果使用在桑拿房中，红雪松较为合适，因其质感好，节疤纹理美观。而普通的松木桑拿板，可以用于普通室内，如电视墙等装饰部位。

选购小常识

1	桑拿板分为节疤和无节疤两种，选购时应注意区分，无节疤材质的桑拿板价格要高很多。
2	桑拿板分为国产和进口两种，可以从颜色上入手，进口桑拿板颜色要深于国产桑拿板，而且进口桑拿板具有淡淡清香。
3	桑拿板购买之后，要拆包一片一片地看。因为桑拿板除非是自己做漆，否则买做过漆的桑拿板，由于板材特殊的装饰效果，往往允许有"色差"，一般是浅色与深色搭配使用。若搭配的片数选少了，则影响美观度，并且难找商家调换。

施工验收 TIPS

①完全用桑拿板做吊顶，需要用木龙骨做基层，木龙骨可用 4cm×6cm 杉木或防腐木，采用 H 形分布方式施工。

②桑拿板吊顶施工工艺中吊顶上架有两种安装方法：边沿装和中间装，无论采用哪种方法，安装第一块桑拿板都十分重要，它直接决定了剩余板的位置和水平，在安装时一定要注意其平整度。在确定好桑拿板吊顶高度后，采用冲击钻在墙顶水平线上打眼，钻头大小一般为 1.2cm×1.2cm。为了保证吊顶龙骨的稳固性，孔眼之间的间距宜保持在 30cm 左右。桑拿板龙骨通常采用木楔加钉进行固定，木楔子多采用落叶松制作，它的木质结构更为紧致，不易松动。

这样保养使用更持久

①桑拿板刷木蜡油及聚酯漆都能起到防水作用。聚酯漆分为酸性和碱性两种，都会使桑拿板产生色变，令桑拿板的原色加深，要保持桑拿板美丽天然的本色，还是用木蜡油最为合适。

②桑拿板安装好后需要上油漆才能达到防水、防腐的效果。但是用于桑拿房及卫浴中的桑拿板一般不建议用普通松木板刷油漆替代使用，油漆经过长时间潮湿水浸，易起皮。另外，油漆难以像防腐液那样深入渗透到木材内部而达到完全防腐目的。

波浪板 立体感强，极具装饰效果

 建材快照

①波浪板具有环保、吸音隔热、施工简便的优点；另外波浪板的材质轻盈、设计时尚，且具有造型立体，具有非常强的装饰效果。

②波浪板其特有的纹理，非常适合现代风格的家居环境。

③波浪板具有防撞击的性能，因此比较适用于儿童房，也特别适用于门庭、玄关、背景墙、电视墙、廊柱、吧台、门和吊顶的设计。

④波浪板的价格大致为 80 ~ 150 元 /m²，适合经济、实用型的家居设计。

浮雕般立体感的波浪板使空间更加灵动

波浪板具有很好的立体装饰效果，令空间充满现代、时尚感。

波浪板是一种新型时尚艺术室内装饰板材，又称 3D 立体浪板，可代替天然木皮、贴面板等。波浪板目前常见的纹路主要有水波纹和雪花纹两种，另外还有金甲纹、纺织纹等极富艺术感的波浪板；表面装饰效果有纯白板、贴金银、珠光板、星光板、裂纹漆板、仿石等近 30 种。除此之外，还可根据不同需求，定做不同的图案、颜色及造型。其非同一般的浮雕式立体感可以冲破整个空间的沉闷，使空间环境变得灵动起来。

选购小常识

1	在选择波浪板时要检查其是否有中国环境标志认证，同时专用胶水、地垫、踢脚板等辅料一定也要有认证或检测报告。
2	好的波浪板装饰层是进口装饰纸，长期使用不褪色，三维立体感逼真；质量较差的波浪板装饰层模糊发假，太阳长期照射会褪色。
3	好的波浪板芯材密度高且均匀，纯木纤维长，甲醛释放低，防潮不变形；质量较差的波浪板芯材多为杂木短纤维并有大量树皮，芯材发黑、密度低、不均匀。
4	好的波浪板用进口防潮平衡层与耐磨层匹配，防潮性能好；质量较差的波浪板防潮平衡层不考虑与耐磨层匹配，防潮性能差，板子容易翘起变形。
5	波浪板订购后，要有固定的专业安装队伍进行安装，要有具体的安装规范和服务要求。同时优质商家会对波浪板本身要提供一定时间的质量保证和免费维修期限。

施工验收 TIPS

①波浪板在拼接时，应将纹路、造型，对齐，不宜用钉子锤打安装。

②波浪板在验收时一定要注意其是否变形、翘曲。验收时用 2m 长的直尺，靠在波浪板上测量其平整度，可多抽几处测量，如果合格率在 80% 以上就视为合格，反之则为不合格。

这样保养使用更持久

①波浪板使用过程中应做好产品板面保护措施，可用一些松软的物品，如软布料类，防止操作工具损伤板面。

②波浪板表面沾有灰尘时，应用柔软的抹布轻擦，不宜用太硬的抹布擦拭，以免擦坏板面。

③波浪板不宜与天那水、松节水、强酸等化学液体接触，避免损坏板面光泽效果。

很多居住者在选购地板时，

都认为越珍贵的材质性能越好。

其实这样理解是不对的，

就相当于每个人都有自己的脾气，

而地板因为材质的不同，

也有它自己独特的性格。

因此只有认识和了解不同地板的特征，

才能选购到特合自己家居情况的地板材料。

Chapter ❸
装饰地板

实木地板

盘多磨地板

实木复合地板

竹木地板

实木地板

脚感舒适、使用安全

 建材快照

①实木地板基本保持了原料自然的花纹，脚感舒适、使用安全是其主要特点，且具有良好的保温、隔热、隔声、吸声、绝缘性能。

②实木地板的缺点为难保养，且对铺装的要求较高，一旦铺装不好，会造成一系列问题，如有声响等。

③实木地板基本适用于任何家庭装修的风格，但用于乡村、田园风格更能凸显其特征。

④实木地板主要应用于客厅、卧室、书房空间的地面铺设。

⑤实木地板因木料不同，价格上也有所差异，一般为 400 ~ 1000 元 / m^2，较适合高档装修的家庭。

常见实木地板的色泽及纹理		
硬度、色泽及纹理		实木地板品种
硬度	中等硬度	柚木、印茄（菠萝格）、香茶茱萸（芸香木）
	软木	水曲柳、桦木
色泽	浅色	加枫木、水青冈（山毛榉）、桦木
	中间色	红橡、亚花梨、柞木、铁苏木（南美金檀）
	深色	香脂木豆（红檀香）、紫檀、柚木、棘黎木（乔木树参、玉檀香）
纹理	粗纹	柚木、柞木、甘巴豆、水曲柳
	细纹	水青冈、桦木

不同的实木地板装饰出不同的居室效果

　　实木地板一般常用的木种有柚木、紫檀木和花梨木等。柚木的色彩偏黄，看起来较光滑，充满油质；紫檀木的颜色较深，且质地坚硬，可以给人带来沉稳内敛的感觉；花梨木偏红，木纹精细、明显，年轮多样且富有变化，可以给居室带来高档的装饰效果。

中式复古的家居十分适合铺设花梨木地板，令居室典雅韵味十足。

柚木地板的花色自然，具有变化、不死板，提升了卧室的温暖气质。

紫檀木实木地板的铺装，将居室的乡村风情点染得更加浓郁。

根据家居空间选择木地板的强度

一般来讲，木材密度越高，强度也越大，质量越好，价格当然也越高。但不是家庭中所有空间都需要高强度的实木地板，客厅、餐厅等这些人流活动大的空间可选择强度高的品种，如巴西柚木、杉木等；卧室则可选择强度相对低些的品种，如水曲柳、红橡、山毛榉等；而老人住的房间则可选择强度一般，却十分柔和温暖的柳桉、西南桦等。

老人房中选用强度一般的西南桦木地板，体现出沉稳质感的同时，也不失温暖、柔和的氛围。

一看就懂的装修材料书

	选购小常识
1	要检查基材的缺陷。看地板是否有死节、开裂、腐朽、菌变等缺陷；并查看地板的漆膜光洁度是否合格，有无气泡、漏漆等问题。
2	学会识别木地板材种。有的厂家为促进销售，将木材冠以各式各样不符合木材学的美名，如"金不换""玉檀香"等；更有甚者，以低档木材冒充高档木材，购买者一定要学会辨别。
3	要观察木地板的精度。一般木地板开箱后可取出10块左右徒手拼装，观察企口咬合，拼装间隙，相邻板间高度差。若严格合缝，手感无明显高度差即可。

选购小常识

4	国家标准规定木地板的含水率为 8%～13%。一般木地板的经销商应有含水率测定仪，如果没有则说明对含水率这项技术指标不重视。购买时先测展厅中选定的木地板含水率，再测未开包装的同材种、同规格的木地板，如果相差在 2% 以内，可认为合格。
5	购买时应多买一些作为备用。一般 $20m^2$ 房间材料损耗在 $1m^2$ 左右，所以在购买实木地板时，不能按实际面积购买，以防止日后地板的搭配出现色差等问题。

施工验收 TIPS

①实木地板的安装基本有三种：第一种是采用地板胶直接贴在室内的水泥地面上，这种适合地面平坦、小条拼木地板；第二种是在原地面上架起木龙骨、将地板条钉在木龙骨上，这种适合长条木地板；第三种是未上漆的拼装木地板块，在安装完毕后，需用打磨机磨平、砂纸打光、再上腻子，最后涂刷。

②铺设实木地板前要注意地面的平整度和高度是否一致，并且地板最好先铺设一层防潮布，两片防潮布之间交叉摆放，交接处留有约 15cm 的宽度，以保证防潮效果。

③实木地板铺设完成之后要先试着走一走，确定实木地板是否没有声音，如有声音要及时校正。同时应确认房门是否能够顺利开关。

这样保养使用更持久

①实木地板铺设后，建议至少要放置 24 小时后再使用。安装完毕的场所如暂时不住，要保持室内空气的流通，不能用塑料纸或报纸盖上，以免时间长表面漆膜发黏，失去光泽。

②日常清洁使用拧干的棉拖把擦拭即可，如遇顽固污渍，可使用中性清洁溶剂擦拭后再用拧干的棉拖把擦拭，切勿使用酸、碱性溶剂或汽油等有机溶剂擦洗。特殊污渍的清理办法：油渍、油漆、油墨可使用专用去渍油擦拭；如果是血迹、果汁、红酒、啤酒等残渍可以用湿抹布或用抹布蘸上适量的地板清洁剂擦拭。

③日常使用时要注意避免重金属锐器、玻璃瓷片、鞋钉等坚硬物器划伤地板。搬动家具时也不要在地板表面拖挪，不要使地板接触明火或直接在地板上放置大功率电热器。

④定期清扫地板、吸尘，防止沙子或摩擦性灰尘堆积而刮擦地板表面。可在门外放置蹭鞋垫，以免将沙子或摩擦性灰尘带入室内。

⑤为了保持实木地板的美观并延长漆面使用寿命。建议每年上蜡保养两次。上蜡前先将地板擦拭干净，然后在表面均匀地涂抹一层地板蜡，稍干后用软布擦拭，直到平滑光亮。

实木复合地板

具有实木地板特点的同时更耐磨

 建材快照

①实木复合地板的加工精度高，具有天然木质感、容易安装维护、防腐防潮、抗菌等优点，并且相较于实木地板更加耐磨。

②实木复合地板如果胶合质量差会出现脱胶现象；另外实木复合地板表层较薄，生活中必须重视维护保养。

③实木复合地板的颜色、花纹种类很多，因此可以根据家居风格来选择。

④实木复合地板和实木地板一样适合客厅、卧室和书房的使用，厨卫等经常沾水的地方少用为好。

⑤实木复合地板价格可以分为几个档次，低档的板价位为 100 ～ 300 元 /m²；中等的价位在 150 ～ 300 元 /m²；高档的价位在 300 元 /m² 以上。

根据家居环境选合适的实木复合地板

实木复合地板的颜色确定应根据家庭装饰面积的大小、家具颜色、整体装饰格调等而定。例如，面积大或采光好的房间，用深色实木复合地板会使房间显得紧凑；面积小的房间，用浅色实木复合地板给人以开阔感，使房间显得明亮。家具颜色偏深时可用中色实木复合地板进行调和；家具颜色偏浅时则可选一些暖色实木复合地板。

房间面积较大，采用深色系的实木复合地板令居室环境显得更加紧凑、有序。

浅色系的实木复合地板与居室的白色墙面搭配协调，在视觉上扩大了空间面积。

选购小常识

1	实木复合地板表层厚度决定其使用寿命，表层板材越厚，耐磨损的时间越长，欧洲实木复合地板的表层厚度一般要求到 4mm 以上。
2	实木复合地板分为表、芯、底三层。表层为耐磨层，应选择质地坚硬、纹理美观的品种；芯层和底层为平衡缓冲层，应选用质地软、弹性好的品种。
3	选择实木复合地板时，一定要仔细观察地板的拼接是否严密，相邻板应无明显高低差。
4	高档次的实木复合地板，应采用高级 UV 亚光漆，这种漆是经过紫外光固化的，其耐磨性能非常好，一般可以使用十几年不需上漆。
5	实木复合地板的胶合性能是该产品的重要质量指标，该指标的优劣直接影响使用功能和寿命。可将实木复合地板的小样品放在 70℃的热水中浸泡 2 小时，观察胶层是否开胶，如开胶则不宜购买。

施工验收 TIPS

①实木复合地板一般有 4 种铺装方式：龙骨铺装法，也就是木龙骨和塑钢龙骨铺装方法，需要做木龙骨；悬浮铺装法，采用防潮膜或者防潮垫来安装，是目前比较流行的方式；直接粘贴法，即环保地板胶铺装法；另外还包括毛地板龙骨法，即先铺好龙骨，然后在上面铺设毛地板，将毛地板与龙骨固定，再将地板铺设于毛地板之上，这种铺设方法适合各种地板。

②实木复合地板安装完之后，需要注意验收，主要包括查看实木复合地板表面是否洁净、无毛刺、无沟痕、边角无缺损，漆面是否饱满、无漏漆，铺设是否牢固等问题。

这样保养使用更持久

①实木复合地板同实木地板有很多相似的地方，因为怕水，所以一定要注意防水防潮。在清洁时，不允许用滴水的拖把或者碱性、肥皂水等液体清洁，容易破坏木地板表面的油漆。

②实木复合地板在遇到大面积积水时，除了把地面的水清理干净之外，还应打开窗户通风透气，或者用电扇吹干。切忌阳光暴晒或用取暖器直接烘烤，这样容易造成木地板提前老化，开裂。若家中空气干燥，拖布可湿一些或在暖气上放一盆水或用加湿器增湿。

③实木复合地板也要定期打蜡，一般 3 ~ 5 个月进行一次。打蜡要选择适合的时间，一般选择晴朗的天气，下雨天或潮湿天气容易使地板表面因清洁不干净而泛白；而气温太低，实木复合地板蜡容易冻结。

强化复合地板

养护简单、价格经济

①强化复合地板具有应用面广，无需上漆打蜡，日常维修简单，使用成本低等优势。

②强化复合地板的缺点为水泡损坏后不可修复，另外脚感较差。

③强化复合地板较适合用于简约风格的家居风格。

④强化复合地板的应用空间和实木地板、实木复合地板基本相同，较适合家居中的客厅、卧室等，不太适用于厨卫。

⑤强化复合地板的价格区间较大，28 ~ 280 元 /m² 的均有，质量中上等的价格在 90 元 /m² 以上。

强化复合地板适用于实用、便捷的家居装修

如今的装修居住者越来越追求实用、便捷的家居风格，因此简约风格的家居大受欢迎。而强化复合地板的特质恰好满足了居住者的个性化装修需求。其无需上漆打蜡，为居住者节省了大量的养护时间，另外强化复合地板的价格低廉，却具有耐磨、防滑、耐压的特点，十分实用。

选购小常识

1	学会测耐磨转数，这是衡量强化复合地板质量的一项重要指标。一般而言耐磨转数越高，地板使用的时间越长，强化复合地板的耐磨转数达到 1 万转为优等品，不足 1 万转的产品，在使用 1 ~ 3 年后就可能出现不同程度的磨损现象。
2	强化复合木地板的表面一般有沟槽型、麻面型和光滑型三种，本身无优劣之分，但都要求表面光洁无毛刺。
3	国产和进口的强化地板在质量上没有太大的差距，不用迷信国外品牌。目前国内一线品牌复合地板的质量已经很好，在各项指标上均不会落后进口品牌。甚至很多国产优质品牌强化地板一直在出口。

施工验收 TIPS

铺设强化复合地板，基层地面要求平整、干燥、干净。首先要检查地面平整度，因强化复合地板厚度较薄，所以铺设时必须保证地面的平整度，一般平整度要求地面高低差 $\leqslant 3mm/m^2$；另外，门与地面的间距应留有间隙，保证安装后留有约 5mm 的缝隙。其次是要注意检查地面湿度，若是矿物质材料的地面，其相对应湿度应 < 60%。

这样保养使用更持久

①强化复合地板上如有一些特殊脏迹，可用柔和的清洁剂或少量温水立即清洗，不可用大量水来清洗地板。因为强化复合地板遇水会膨胀，用水浸泡会报废。

②要避免锋利的物品，如剪子、小刀之类划伤地板表面；最好在门口处放置一块蹭蹭垫子，避免砂砾或者其他小石块对地板的损伤。另外，在搬动椅子、桌子等家具时不要拖拽；避免含有胶性的物体掉落在地板上，如口香糖等，否则很难清理。

③实木复合地板不需要打蜡和油漆，同时切忌用砂纸打磨抛光。因为强化木地板不同于实木地板，它的表面本来就比较光滑，亮度也比较好，打蜡反倒会画蛇添足。

强化复合地板十分适用于简约风格的家居环境，实用且便于清洁。

环保，弹性、韧性佳

 建材快照

①软木地板与实木地板相比更具环保性，隔音、防潮效果也更好一些，可以带给人极佳的脚感。另外，如需搬家，可以完整剥除软木地板，做到循环利用。

②软木地板价格要比一般的地板贵得多；另外，软木地板不易打理，难保养，一粒小小的沙子也可使其无法承受，因此没有太多时间保养地板的家庭不建议使用。

③软木地板的花色选择非常多，因此适用于各类家居风格。

④软木地板适合应用于卧室、书房中，其柔软、舒适的特性，可减轻意外摔倒造成的伤害，因此非常适合在老人房和儿童房中使用。

⑤软木地板的价格为 300 ~ 1200 元 /m²，较适合豪华装修。

一看就懂的装修材料书

软木地板装饰墙面同样适用

软木地板不仅适用于铺设地面，还可装饰墙面，可以选择彩色的软木地板进行手工拼贴，做成漂亮的图案，令家居环境更具艺术性。另外，软木地板特别适用于别墅或豪宅的装修，通常可以搭配各种各样的图案和颜色，跟其他摆设融为一体，令居室显得更加高档、美观。

软木地板铺设在墙面同样适用，与家居的整体风格十分吻合。

	选购小常识
1	观察软木地板砂光表面是否光滑，有无鼓凸的颗粒，软木的颗粒是否纯净。
2	从包装箱中随便取几块地板，铺在较平整的地面上，拼装起来后看其是否有空隙或不平整，依此可检验出软木地板的边长是否平直。
3	将地板两对角线合拢，看其弯曲表面是否出现裂痕，如有裂痕则尽量不要购买。依此可检验出软木地板的弯曲强度。

施工验收 TIPS

①在铺设软木地板时，要对有缺陷的原始地面进行修补处理，并且进行打磨吸尘。铺装前要对地面进行画线，且由中间向两边开始铺，对想要铺设的图案要提前设计好，避免损耗产生的浪费；胶水要求用专用的环保水性胶，滚涂时要均匀，且越薄越好（特别需要注意的是对潮湿的地方或有地暖的地方不要用万能胶，以防起鼓和开胶）。

②居室如果原来就铺有地砖或者地板，想要换成软木地板，可以直接加铺，不用去除基层。

这样保养使用更持久

①软木地板铺装结束后，即使没有留下缝隙，也容易藏污纳垢，时间一长会形成黑线，因此可以在铺装完成之后再滚涂一遍耐磨且环保的软木地板专用漆。

②在日常使用中，需避免将砂粒带入室内。因为砂粒被带入后即被压入脚下弹性层中，当脚步离开时，又会被弹出，对软木地板具有很大的伤害。建议在门口处铺一块蹭脚垫，以减少沙土对地板的磨损。

③维护软木地板时，不得用水冲洗、抛光或用去污粉清洁。表面刷漆的软木地板的维护保养同实木地板一样，一般半年打一次地板蜡；平时只需用拧干的拖把或抹布拖擦，难以擦净的地方用专用清洁剂去除。

④若软木地板使用三五年后，个别处有磨损，可以在局部重新添上涂层。在磨损处轻轻用砂纸打磨，清除其面上的垢物，然后再用干软布轻轻擦拭干净，重新涂制涂层，或在局部处覆贴聚酯薄膜。

竹木地板

纹理天然、冬暖夏凉

 建材快照

①竹木地板无毒、牢固稳定，经过一系列特殊无害处理后的竹材，具有超强的防虫蛀功能。

②竹木地板虽然经干燥处理，减少了尺寸的变化，但因其是自然型材，所以还是会随气候干湿度变化而产生变形。

③竹木地板具有竹子的天然纹理，给人一种回归自然、高雅脱俗的感觉，因此十分适用于禅意家居和日式家居中。

④竹木地板的热传导性能、热稳定性能相对比其他木制地板好，加上其冬暖夏凉、防潮防水的特性，因此特别适宜做热采暖的地板。

⑤竹木地板的价格差异较大，300 ~ 1200 元 /m² 的皆有；部分花色，如菱纹图案，是将条纹以倾斜角度呈现，会产生较多的损料，因此价格昂贵，约 1200 元 /m²。

一看就懂的装修材料书

选购小常识

1	观察竹木地板的表面漆上有无气泡，是否清新亮丽，竹节是否太黑，表面有无胶线，然后看四周有无裂缝，有无批灰痕迹，是否干净整洁等。
2	要注意竹木地板是否是六面淋漆，由于竹木地板是绿色自然产品，表面带有毛细孔，会因吸潮而变形，所以必须将四周、底面、表面全部封漆。
3	竹子的年龄并非越老越好，最好的竹材年龄为 4 ~ 6 年，4 年以下太小没成材，竹质太嫩；年龄超过 9 年的竹子就老了，老毛竹皮太厚，使用起来较脆。
4	可用手拿起一块竹木地板观察，若拿在手中感觉较轻，说明采用的是嫩竹，若眼观其纹理模糊不清，说明此竹材不新鲜是较陈的竹材。

色彩和质感是竹木地板在室内设计中需要考虑的双重属性

竹木地板的色彩主要有三种，绿色、灰黄色及碳化色，不同颜色带给人不同感受，譬如绿色竹木地板给人以安静、清新、祥和的感觉，让人联想起竹林、春天、希望等；而黄色竹木地板却能给人以一种温暖、丰收、愉悦的感觉。另外，通过竹木地板的质感处理可以获得或苍劲古朴或风雅自然的室内风格。总之，竹木地板的色彩和质感是其在室内设计中需要考虑的双重属性。两者相辅相成，才能获得良好的室内艺术效果。

清新的竹木地板打造出和式家居安静、雅致的格调。

施工验收 TIPS

①施工时先装好地板，后安装踢脚板。需要使用 1.5cm 厚度的竹地板做踢脚板，安全缝内不留任何杂物，以免地板无法伸缩。

②卫浴、厨房和阳台与竹木地板的连接处应做好防水隔离处理；另外，竹木地板安装完毕后 12 小时内不要踏踩。

这样保养使用更持久

①在日常使用过程中，应经常清洁竹木地板，保持地面的干净卫生。清洁时，可先用干净的扫帚把灰尘和杂物扫净，然后再用拧干水的抹布人工擦拭，如面积太大时，可将布拖把洗干净，然后挂起来滴干水滴，再用来拖净地面。切忌不能用水洗，也不能用湿漉漉的抹布或拖把清理。平时如果有含水物质泼洒在地面时，应立即用干布抹干。

②应隔几年打蜡一次，保持漆膜面平滑光洁。如果条件允许，也可隔 2 ~ 3 个月打一次地板蜡，这样维护效果更佳。另外，还需要常开窗换气，以便调节室内空气湿度。

PVC 地板

超轻薄、施工简单

 建材快照

① PVC 地板具有质轻、尺寸稳定、施工方便、经久耐用等特点。

② PVC 地板的不足之处是不耐烫、易污染，受锐器磕碰易受损。

③ PVC 地板的花色、图案种类繁多，或富丽堂皇、或高贵肃穆、或淡雅宁静等，因此可以根据家居风格任意选择。

④ PVC 地板的材质为塑胶，因此怕晒也怕潮，不建议用于阳台、卫浴的地面铺设，容易引起翘曲和变形。

⑤ PVC 地板的价格低廉，一般为 100 ~ 250 元 /m²。

木纹花色是 PVC 地板的常用花色

PVC 地板的花色品种繁多，如地毯纹、石纹、木地板纹等，甚至可以实现个性化定制。纹路逼真美观，配以丰富多彩的辅料和装饰条，能组合出不同的装饰效果。但在家居环境中，应用最多的还是木纹花色，会有仿实木地板的感觉，令空间氛围显得高档。另外，PVC 地板还可以用较好的美工刀任意裁剪，以不同花色的材料组合搭配，实现家居 DIY。

选购小常识

1	PVC 地板的厚度主要由两方面决定，即底料层厚度和耐磨层厚度。原则上越厚的地板使用寿命越长，但选购时主要还是要看耐磨层的厚度。家庭使用一般情况下选用厚度和耐磨层均在 2 ~ 3mm 的 PVC 地板即可。
2	可以通过反复弯曲折叠 PVC 地板，看经多次弯曲折叠后，产品和最初有什么变化。好的产品没有任何变化；中等产品会有明显的拉伸痕迹，而且不能还原；而低档产品当时就会被折断。

施工验收 TIPS

① PVC 地板的安装施工非常快捷，不用水泥砂浆，地面平整的用专用环保黏结剂粘合，24 小时后即可使用；另外铺设 PVC 地板不会破坏原有地材，若想更换花色，直接在上面重叠铺设即可。

② 若家中的 PVC 地板不小心留有刮痕，可以亲自动手替换，首先用手把较粗的美工刀划过有刮痕的 PVC 地板一角，使地板的一角翘起，顺势撕下整片地板，接着在地板四周与中间涂适量的三秒胶，最后铺上更换的塑胶地板即可，粘好后压几秒固定。

这样保养使用更持久

① PVC 地板清洁时先将地板表面上的灰尘、杂物清除；用擦地机除去地板表面的保护蜡、油脂、灰尘及其他污垢，用吸水机将污水吸干；用清水洗净、吸干，之后上 1 ~ 2 层高强面蜡。

② PVC 地板的平时保养，用地板清洁上光剂按 1 ：20 兑水稀释后，用半湿的拖把拖地即可。如果沾染特殊污垢，可将水性除油剂原液直接倒在毛巾上擦拭；如果是大面积油污，将水性除油剂按 1 ：10 稀释后，用擦地机加红色磨片低速清洁；而对于黑胶印，则可用喷洁保养蜡配合高速抛光机加白色抛光垫抛光处理。

家居中多使用木纹图案的 PVC 地板，效果基本可以以假乱真。

亚麻地板

能够保证地面长期亮丽如新

 建材快照

①亚麻地板的花纹和色彩由表及里纵贯如一，能够保证地面长期亮丽如新。

②亚麻地板在温度低的环境下会断裂，并且不防潮。

③亚麻地板比较适用于现代风格和简约风格的家居空间。

④亚麻地板较适合用于客厅、书房和儿童房，但因原料多为天然产品，表面虽做了防水处理，防水性能仍不理想，因此不适合用在地下室、卫浴等潮气和湿气较重的地方，否则地板容易从底层腐烂。

⑤亚麻地板的价格较高，一般为 500 ~ 700 元 /m²，较适合高档装修。

装饰性极强的亚麻地板为家居环境带来丰富变化

亚麻地板的色彩丰富，装饰性极强，其自然的花纹、丰富的色彩使亚麻地板受到很多业主的青睐；另外，亚麻地板还可以根据自身的喜好来进行组合拼贴，为家居环境带来变化；而亚麻地板一旦投入使用，将会在它整个生命周期中保持不变的色泽、永不褪色的特点也成为广受欢迎的原因之一。

选购小常识

1	用眼观察亚麻地板的表层木面颗粒是否细腻，可以将清水倒在地板上判断其吸水性。
2	用鼻闻亚麻地板是否有怪味，因亚麻地板的材料天然，如果有怪味的话，则说明不是好的地板。

任意拼贴的亚麻地板通过色彩上的变化，中和了狭长过道带来的逼仄感。

施工验收 TIPS

①施工前，需将亚麻地板预放置 24 小时以上，同时按箭头同方向排放，卷材要按生产流水编号施工。

②亚麻地板铺装时注意接缝，不可将接缝对接过紧以免翘边，也不可使缝隙过大，标准以可以插进一张复印纸为宜。铺装后进行赶气的同时用铁轮均匀擀压。地板接缝及墙边用小压滚赶压。另外，亚麻地板还有专门搭配的同色焊条，施工时在接缝处挖出槽沟，再用热熔焊条连接两块板，可以塑造出无缝效果。

这样保养使用更持久

①亚麻地板平时用吸尘器做干燥清洁就可以，不建议用湿布擦拭。若打翻了有色饮料，应先用水或清洁剂将拖布略微湿润，快速拖干饮料，并要注意在地板上不得有水聚集。在擦拭后 15 ~ 20 秒内，地板必须能够完全干燥。

②如果亚麻地板上沾染了污迹，可以将经过稀释的中性清洁剂直接喷在污迹上，然后用尼龙清洁垫轻刷直至污渍去掉，最后用清水擦拭干净。

盘多磨地板

新型无缝地坪材料

 建材快照

①盘多磨地板为新型的地坪材料，材料表面没有接缝，色彩图案变化多样，纹路自然、美观。

②盘多磨地板的缺点为易吃色、不耐刮，重物拖拉会造成痕迹。

③盘多磨地板丰富的颜色可以令设计者有更多创意发挥空间，因此也特别适用于现代风格的家居环境。

④盘多磨地板因其有毛细孔，为避免水汽或脏污渗入，因此不适用于卫浴或油烟较大的厨房，另外，盘多磨地板若是划伤严重，则无法恢复，所以也不适合用于人流较多的大型空间中。

⑤盘多磨地板的价格较高，一般 ≥ 700 元 /m^2，适合高档装修的家居。

利用盘多磨地板可发挥无限创意

盘多磨地板能够提供最多可能性的完美搭配，可以是单色设计，也可以是丰富多彩的创意图形拼接，无缝的随意组合让所有设计就像单块画布所表现出的效果一样。另外，盘多磨地板除了应用于地面铺装之外，还可以用于墙面，甚至是顶面装饰，运用弹性非常大。

运用盘多磨装饰墙面，充满时尚、现代感。

使用盘多磨地板可以根据家居风格进行选择

盘多磨地板的颜色众多，若想表现沉静优雅的现代风，可使用黑色或灰白色系，若想呈现温暖的木质调，可选用砖红或红棕色系。若想有花纹的变化，可以加入磨石子搭配，使空间显得更加活泼。

蓝色的盘多磨地板令家居环境呈现出极强的艺术效果。

施工验收 TIPS

①盘多磨地板与瓷砖、石材等不同，地砖等是在工厂加工成固定尺寸后再进行铺贴的，而盘多磨必须在施工现场直接施工，需要经过灌料、挂出纹路、抛光、保养等多个步骤，工期在一周左右。

②盘多磨地板的厚度为5～10mm，不需要砸除原有的旧地砖就可以施工，可以节省下这部分费用，非常适合房屋改造，虽然价格比较贵，但总的算下来与重新铺设石材等价位差不多，但效果更为独特。

这样保养使用更持久

①盘多磨地板较耐脏污，平时以清水拖地清洁即可。另外，可以定期使用水蜡拖地。若有头发或灰尘，用吸尘器或除尘纸稍微清洁处理，即可令地板恢复干净光亮的样貌。

②盘多磨地板耐磨但不耐刮，要避免尖锐物品刮伤，若造成破损可做抛磨处理；另外，盘多磨地板容易吃色，一旦沾到可乐、咖啡等有色液体要尽快擦拭。

③由于盘多磨地板有自然气孔，可能会卡脏污，除了用软毛刷将脏污清除之外，还可以进行上蜡处理，加以保护。

陶瓷墙地砖较难成为空间的主角，
却又是空间中不可或缺的基础元素。
随着大众对居住环境的要求越来越高，
原本苍白的瓷砖也开始施展"变身术"，
各式的装饰陶瓷砖，
成为点亮家居环境的神来之笔。

Chapter ④
装饰陶瓷砖

板岩砖

马赛克

仿古砖

金属砖

玻化砖 表面光亮、耐划

①玻化砖是所有瓷砖中最硬的一种，在吸水率、边直度、弯曲强度、耐酸碱性等方面都优于普通釉面砖、抛光砖及一般的大理石。

②玻化砖经打磨后，毛气孔暴露在外，油污、灰尘等容易渗入。

③玻化砖较适用于现代风格、简约风格等家居风格之中。

④玻化砖适用于玄关、客厅等人流量较大的空间地面铺设，不太适用于厨房这种油烟较大的空间。

⑤玻化砖的价格差异较大，40 ~ 500 元 /m² 均有。

选购小常识

1	看玻化砖的表面是否光泽亮丽有无划痕、色斑、漏抛、漏磨、缺边、缺脚等缺陷。
2	质量好、密度高的玻化砖手感比较沉，质量差的手感较轻。
3	敲击玻化砖，若声音浑厚且回音绵长如敲击铜钟之声，则为优等品；若声音混哑，则质量较差。
4	在同一型号且同一色号范围内随机抽样不同包装箱中的产品若干，在地上试铺，站在 3m 之外仔细观察，检查产品色差是否明显，砖与砖之间缝隙是否平直，倒角是否均匀。
5	测试玻化砖不加水是否防滑，因为玻化砖越加水会越防滑。
6	查看玻化砖底胚商标标记，正规厂家生产的产品底胚上都有清晰的产品商标标记，如果没有或者特别模糊的建议不要购买。

利用玻化砖满足空间个性化需求

玻化砖是瓷质抛光砖的俗称，是由石英砂、泥按照一定比例烧制而成，是通体砖坯体的表面经过打磨而成的一种光亮的砖。玻化砖可以随意切割，任意加工成各种图形及文字，形成多变的造型。可用开槽、切割等分割设计令规格变化丰富，满足个性化需求。

施工验收 TIPS

铺贴前，应先处理好待贴体或地面平整，干铺法基础层达到一定刚硬度才能铺贴砖，铺贴时接缝多保留 2 ~ 3mm。彩砖建议采用 325 号水泥，白色砖建议用白水泥，铺贴前预先打上防污蜡，可提高砖面抗污染能力。

玻化砖多为仿大理石纹路的款式，是天然大理石较佳的替代品。

这样保养使用更持久

①在玻化砖没有使用前及进行清洁以后，在表面涂刷一层 SW 防水防污剂（每 1LSW 防水防污剂可以进行 15 ~ 20m² 的抛光砖表面养护），可以阻止水分及污垢的侵入，而且不会改变玻化砖原有的亮丽效果，使以后的清洁变得简单。

②日常保养玻化砖时，宜先将地砖上所有污渍彻底清扫干净，然后将地板清洗剂泼洒在地砖上，用打蜡机将地砖上的污渍摩擦干净，再将水性蜡倒在干净的干拖把上，将蜡均匀涂布于地砖上即可。上蜡后让地砖表面自干，也可用电风扇辅助吹干，一般打蜡后 8 小时才会完全干，如有重物要移动须等蜡完全干后才能搬动，这样做可以保持玻化砖表面的光亮度。

③上蜡多次后地砖表面变黄而要重新上蜡时，则要用除蜡剂处理。具体方法为：除蜡剂不必加水，均匀泼洒于要除蜡之处，10 ~ 15 分钟后，除蜡剂渗入地砖，用水将地砖泼湿，将旧蜡完全除掉，否则重新上蜡不会发亮。将旧蜡除干净后，可再依以上步骤清洁保养。

釉面砖 釉面细致、韧性好

 建材快照

①釉面砖的色彩图案丰富、规格多；防渗，可无缝拼接、任意造型，韧度非常好，基本不会发生断裂现象。

②由于釉面砖的表面是釉料，所以耐磨性不如抛光砖。

③由于釉面砖表面可以烧制各种花纹图案，风格比较多样，因此可以根据家居风格进行选择。

④釉面砖的应用非常广泛，但不宜用于室外，因为室外的环境比较潮湿，釉面砖就会吸收水分产生湿胀。釉面砖主要用于室内的厨房、卫浴等墙面和地面。

⑤釉面砖的价格和抛光砖的价格基本持平，为 40 ~ 500 元 /m²。

釉面砖是家庭装修中最常见的砖种

釉面砖是装修中最常见的砖种，由于色彩图案丰富，而且防污能力强，因此被广泛应用于墙面和地面装修，较多的被用于厨房和卫浴间中。根据光泽的不同，釉面砖又可以分为光面釉面砖和亚光釉面砖两类，可以根据家居空间的需求来选择。

选购小常识

1	在光线充足的环境中把釉面砖放在离视线 0.5m 的距离外，观察其表面有无开裂和釉裂，然后把釉面砖反转过来，看其背面有无磕碰情况，但只要不影响正常使用，有些磕碰也是可以的。如果侧面有裂纹，且占釉面砖本身厚度一半或一半以上的时候，那么此砖就不宜使用了。
2	随便拿起一块釉面砖，然后用手指轻轻敲击釉面砖的各个位置，如声音一致，则说明内部没有空鼓、夹层；如果声音有差异，则可认定此砖为不合格产品。

施工验收 TIPS

①釉面砖在施工前要充分浸水 3 ~ 5 小时，浸水不足容易导致瓷砖吸走水泥浆中水分，从而使产品黏结不牢，浸水不均衡则会导致瓷砖平整度差异较大，不利于施工。

②铺贴时，水泥的硬度不能高于 400 号，以免拉破釉面，产生崩瓷。另外，砖与砖之间需留有 2mm 的缝隙，以减弱瓷砖膨胀收缩所产生的应力。若采用错位铺贴的方式，需要注意在原来留缝的基础上多留 1mm 的缝。

③釉面砖使用完之后，不要用包装箱的纸覆盖地面，以免包装箱被水浸泡，有机颜料污染地面，造成清理麻烦，可使用无色的蛇皮袋覆盖地面。

这样保养使用更持久

①釉面砖砖面的釉层是非常致密的物质，有色液体或者脏东西是不会渗透到砖体中的，使用抹布蘸水或者用瓷砖清洗剂擦拭砖面即可清除掉砖面的污垢，如果是凹凸感强的瓷砖，凹凸缝隙里面积存了很多灰尘的话，可以先用刷子刷，然后用清水冲洗即可清除砖面污垢。

②隔一段时间可在釉面砖的表面打液体免抛蜡、液体抛光蜡或者做晶面处理。

亚光釉面砖可用于卫浴的墙面和地面铺设，实用且防污能力强。

仿古砖 轻松营造出怀旧氛围

建材快照

①仿古砖技术含量要求相对较高，数千吨液压机压制后，再经千度高温烧结，使其强度高，具有极强的耐磨性，经过精心研制的仿古砖兼具了防水、防滑、耐腐蚀的特性。

②仿古砖的搭配需要花心思进行，否则风格容易过时。

③仿古砖能轻松营造出居室风格，十分适用于乡村风格、地中海风格等家居设计中。

④仿古砖适用于客厅、厨房、餐厅等空间的同时，也有适合厨卫等区域使用的小规格砖。

⑤仿古砖的价格差异较大，一般的有 15 ~ 450 元 / 块，而进口仿古砖还会达到每块上千元。

仿古砖为居室带来复古、时尚感

最为流行的仿古瓷砖款式有单色砖和花砖两种。单色砖主要用于大面积铺装，而花砖则作为点缀用于局部装饰。一般花砖图案都是手工彩绘，其表面为釉面，复古中带有时尚感。而在色彩运用方面，仿古砖采用自然色彩，多为单色或者复合色。自然色彩就是取自于自然界中土地、大海、天空、植物等的颜色，如砂土的棕色、棕褐色和红色；叶子的绿色、黄色、橘黄色；水和天空的蓝色、绿色和红色等。

深色的仿古砖用在墙面上，有一种沧桑感和复古感。

地面用仿古砖做装饰，可搭配各种风格的室内环境。

选购小常识

1	仿古砖的耐磨度分为五度，从低到高。五度属于超耐磨度，一般不用于家庭装饰。家装用砖在一度至四度间选择即可。
2	硬度直接影响仿古砖的使用寿命，选购时了解这一点尤为重要。可以用敲击听声的方法来鉴别，声音清脆的就表明内在质量好，不易变形破碎，即使用硬物划一下砖的釉面也不会留下痕迹。
3	查看同一批仿古砖的颜色、光泽纹理是否大体一致，能不能较好地拼合在一起，色差小、尺码规整则是上品。
4	购买时要比实际使用面积多约5%，以免补货时产生不同批次产品的色差尺差。

施工验收 TIPS

①在铺贴时，请特别注意及时清除和擦净施工时黏附在砖体表面的水泥砂浆、粘贴剂和其他污染物，如锯木屑、胶水、油漆等，以确保砖面清洁美观。铺贴完工后，应及时将残留在砖面的水泥污渍抹去，已铺贴完的地面需要养护4～5天，防止因过早使用而影响装饰效果。

②在铺装过程中，可以通过地砖的质感、色系不同，或与木材等天然材料混合铺装，营造出虚拟空间感，如在餐厅或客厅中，用花砖铺成波打边或者围出区域分割，在视觉上造成空间对比，往往达到出人意料的效果。

③若在铺设过程中，将砖与砖之间的缝隙留1～3mm，能够强化砖体的沧桑感，而后使用填缝剂勾缝。需要注意的是，勾缝剂的颜色也很重要，选用恰当颜色的填缝剂做勾缝处理更能起到画龙点睛的作用。也可以在设计时将砖的缝隙留得很小，营造出不同的风格，但缝隙不宜少于1mm，缝隙太小没有砖体热胀冷缩的余地，容易起鼓、变形。

这样保养使用更持久

①如遇到施工过程中遗留的水泥渍或锈渍无法清除时，可以采用普通工业盐酸与水或碱水、有机溶剂等清洁剂1：3混合后用毛巾擦拭即能去除污渍。但是清洁剂会对砖面有侵蚀性，所以建议要速战速决，及时擦除干净并进行保养。

②对于砖面有划痕的情况，可以先在划痕处涂抹牙膏，再用柔软的干抹布擦拭即可。

③砖缝的清洁可以使用去污膏，用牙签蘸少许去污膏清洁缝隙处，然后用毛笔刷一道防水剂即可，这样不仅能防渗水且能防真菌生长。

④定期为仿古砖打蜡，可持久保持其效果，间隔2～3个月为宜。

全抛釉瓷砖

花纹、色彩丰富，格调高

 建材快照

①全抛釉瓷砖的优势在于花纹出色，不仅造型华丽，色彩也很丰富，且富有层次感，格调高。

②全抛釉瓷砖的缺点为防污染能力较弱；其表面材质太薄，容易刮花划伤，容易变形。

③全抛釉瓷砖的种类丰富，适用于任何家居风格；因其丰富的花纹，特别适合欧式风格的家居环境。

④全抛釉瓷砖运用于客厅、卧室、书房、过道的墙地面都非常适合。

⑤全抛釉瓷砖的价格比其他瓷砖略高，大致是 120 ~ 450 元 $/m^2$。

一看就懂的装修材料书

花色品种多样的全抛釉瓷砖为家居带来别样风情

全抛釉瓷砖是经高温烧成的瓷砖，因此花纹着色肌理是透明色彩，不是普通瓷砖表面上的粗犷花纹，全抛釉瓷砖色彩鲜艳，花色品种多样，纹理自然。大块的抛晶砖（全抛釉瓷砖的一种）还有地毯砖的别称，多数为精美的拼花，可以组合成类似花纹地毯的效果。

选购小常识

1	全抛釉最突出的特点是光滑透亮，单个光泽度值高达 104，釉面细腻平滑，色彩厚重或绚丽，图案细腻多姿。鉴别时，要仔细看整体的光感，还要用手轻摸感受质感。
2	全抛釉瓷砖也要测吸水率、听敲击声音、刮擦砖面、细看色差等，鉴别方法与其他瓷砖基本一致。
3	为预防施工及搬运损耗，建议多购买数片并按整箱购买，如铺贴面积为 45m² 时，则需要 45m² ÷ 单片面积 = 用量片数。

类似花纹地毯的抛晶砖为居室带来了别致、精美的格调。

施工验收 TIPS

　　全抛釉瓷砖施工时建议使用有机胶黏剂粘贴，不使用传统水泥湿法铺贴的方法，这样能较好地避免平整度不佳的问题，铺贴效果较好。关于水泥品种，基层的普通水泥标号不宜超过 425 号，可以选用 325 号，纯水泥（素灰）应采用 275 号的白水泥；为保证铺贴美观，建议铺贴时留 2 ～ 3mm 砖缝。

这样保养使用更持久

　　①全抛釉瓷砖日常中沾染污迹，可使用次氯酸钠稀释液（漂白剂），根据污渍种类选择浸泡时间，如墨水或防污蜡霉变形成的霉点浸泡几分钟即可，茶渍、果汁等需浸泡20 ～ 30分钟，之后用布擦拭干净即可。

　　②全抛釉瓷砖如果遇到水泥、水垢、水锈、锈斑等问题，可使用盐酸或磷酸溶液，多擦几遍即可；遇到油漆、油污等问题，可使用碱性清洁剂或有机溶剂去漆去油污。

　　③全抛釉瓷砖还可以采用以下方法去污：先使用 20% ～ 40% 的氢氧化钠溶液浸泡 24 小时后用布擦净，然后用 30% ～ 50% 的盐酸溶液浸泡 30 分钟后用布擦净即可。

马赛克 款式多样、效果突出

 建材快照

①马赛克具有防滑、耐磨、不吸水、耐酸碱、抗腐蚀、色彩丰富等优点。

②马赛克的缺点为缝隙小，较易藏污纳垢。

③马赛克适用的家居风格广泛，尤其擅长营造不同风格的家居环境，如玻璃马赛克适合现代风情的家居；而陶瓷马赛克适合田园风格的家居等。

④马赛克适用于厨房、卫浴、卧室、客厅等。如今马赛克可以烧制出更加丰富的色彩，也可用各种颜色搭配拼贴成自己喜欢的图案，所以也可以镶嵌在墙上作为背景墙。

⑤马赛克的价格依材质不同而有很大差距，一般的马赛克价格是 90 ~ 450 元 /m^2，品质好的马赛克价格可达到 500 ~ 1000 元 /m^2。

各类马赛克大比拼

分类		特点	材质	元 /m^2
贝壳马赛克		色泽美观、天然，防水性好，但硬度低，不能用于地面。	深海中的贝壳，及人工养殖的贝壳。	500 ~ 1000
陶瓷马赛克		最传统的一种马赛克，以小巧玲珑著称，但较为单调，档次较低。	主料为陶瓷，经高温窑烧而成。	90 ~ 450
玻璃马赛克		玻璃马赛克耐酸碱、耐腐蚀、不褪色，是最适合装饰卫浴墙地面的建材。	由天然矿物质和玻璃粉制成，是安全、杰出的环保材料。	90 ~ 450

分类	特点	材质	元/m²
夜光马赛克	夜光马赛克可在夜晚时发光，兼具照明效果，价格较贵。	添加了蓄光型发光材料制作而成。	500～1000
金属马赛克	金属马赛克拥有冰冷、坚硬的金属光泽，通常用于客厅、卧室的主题墙，在灯光的照耀下熠熠发光，很有个性。	由不同金属材料制成的一种特殊马赛克，有光面和亚光面两种。	600～2000

利用马赛克制作拼花背景墙

　　在现代风格的居室中，可以用马赛克拼花来打造一面背景墙，居住者除了可以选择商家提供的图案，也可以自己来选择图案，让厂家根据需要制作，这样量身定制的模式非常符合当下年轻业主的需求。

过道端景墙采用马赛克拼花塑造，时尚而富有格调。

用黑白马赛克拼贴出的梦露头像，令卫浴更显妩媚风情。

利用马赛克作为卫浴腰线

马赛克的特点在于其灵活、多变，随意性与跳跃性都较强，尤其是在卫浴这样的小空间，更适合作点缀、分隔装饰。形式小巧、丰富的马赛克很适合用作瓷砖跳色的处理，尤其是取代腰线，用于点缀卫浴的墙面，不仅可以提升空间的整体视觉效果，而且用马赛克取代腰线，比用腰线便宜不少。

采用红色马赛克作为卫浴的腰线，仿若美人的裙带，充满妩媚风情。

蓝白色马赛克腰线，让卫浴的表情更加灵动。

选购小常识

1	在自然光线下，距马赛克 0.5m 目测有无裂纹、疵点及缺边、缺角现象，如内含装饰物，其分布面积应占总面积的 20% 以上，且分布均匀。
2	马赛克的背面应有锯齿状或阶梯状沟纹。选用的胶粘剂除保证粘贴强度外，还应易清洗。此外，胶粘剂还不能损坏背纸或使玻璃马赛克变色。
3	抚摸其釉面可以感觉到防滑度，然后看厚度，厚度决定密度，密度高吸水率才低，吸水率低是保证马赛克持久耐用的重要因素，可以把水滴到马赛克的背面，水滴不渗透的质量好，往下渗透的质量差。另外，内层中间打釉的通常是品质好的马赛克。
4	选购时要注意颗粒之间是否同等规格、是否大小一样，每小颗粒边沿是否整齐，将单片马赛克置于水平地面检验是否平整，单片马赛克背面是否有过厚的乳胶层。
5	品质好的马赛克包装箱表面应印有产品名称、厂名、注册商标、生产日期、色号、规格、数量和重量（毛重、净重），并应印有防潮、易碎、堆放方向等标志。

施工验收 TIPS

　　马赛克施工时要确定施工面平整且干净，打上基准线后，再将水泥（白水泥）或黏合剂平均涂抹于施工面上。依序将马赛克贴上，每张之间应留有适当的空隙。每贴完一张即以木条将马赛克压平，确定每处均压实且与黏合剂充分结合。之后用工具将填缝剂或原打底黏合剂、白水泥等充分填入缝隙中。最后用湿海绵将附着于马赛克上多余的填缝剂清洗干净，再以干布擦拭，即完成施工步骤。

这样保养使用更持久

　　①不论何种类型的马赛克，用于地面时要防止重物击打；另外，贝壳马赛克仅用清水擦拭即可，其他类型清洁保养可用一般洗涤剂，如去污粉、洗衣粉等，重垢也可用洁厕剂洗涤。

　　②若马赛克脱落、缺失，可用同品种的马赛克粘补。黏结剂配方为：水泥 1 份、细砂 1 份、107 胶水 0.02 ~ 0.03 份或水泥 1 份、107 胶 0.05 份、水 0.26 份。107 胶水一般占水泥的 0.2% ~ 0.4%。加 107 胶水后的黏结剂比单用水与水泥黏结牢固，而且初凝时间长，可连续使用 2 ~ 3 小时。

金属砖 色泽抢眼、具有现代感

 建材快照

①金属砖具有光泽耐久、质地坚韧的特点，并且具有良好的热稳定性、耐酸碱性，易于清洁。

②金属砖的色彩与其他瓷砖相比较为单一，在家居应用中有一定的局限性。

③金属砖能够彰显高贵感和现代感，因此十分适用于现代风格和欧式风格的室内环境中。

④金属砖常用于家居小空间的墙面和地面铺设，如卫浴、过道等，具有很好的点缀作用。

⑤金属砖由于材料与工艺的不同，导致产品的价格差比较大，通常为 100 ~ 3000 元 /m²。

金属砖常用于居室的局部点缀

金属砖由于价格较贵，在公共场所运用较多，家装中多用作点缀使用。亮丽的金属砖可以给人以金碧辉煌之感，提高房屋装潢的格调与品位。并且由于其花色繁多，也常用于欧式别墅中。

不锈钢金属砖的大面积铺贴，呈现出富丽堂皇的视觉效果。

各类金属砖大比拼

分类		特点	元/m²
不锈钢砖		具有金属的天然质感和光泽，多为银色、铜色、香槟金或黑色，在家居空间中不建议大面积使用。	100 ~ 3000
仿锈金属砖		表面仿金属生锈的视觉效果，常见黑色、红色、灰色底，是价格最便宜的金属砖。	约700
花纹金属砖		砖体表面有各种立体感的纹理，具有很强的装饰效果，常见香槟金、银色与白金三色。	约1000
立体金属砖		砖体仿制于立体金属板，表面有凹凸的立体花纹，效果真实，触感不冷硬，是全金属砖的绝佳替代材料。	约1000

金属砖十分适合现代风格的家居

金属砖的原料是铝塑板、不锈钢等含有大量金属的材料，具有金属的效果，分为拉丝及亮面两种效果。金属砖比较适用于现代风格的室内空间，因其具有显著的现代特征，如果选择带有图样的金属砖，能够装饰出类似壁画的效果，且在不同的光线折射下呈现出不同的色泽，视觉清晰度高，非常个性、独特。

现代风格的厨房中，墙面采用金属砖铺贴，非常容易清洁。

一看就懂的装修材料书

仿锈金属砖效果十分现代、个性，但铺贴面积较大时，宜搭配其他种类的瓷砖使用。

	选购小常识
1	选购金属砖时，以左手拇指、食指和中指夹瓷砖一角，轻轻垂下，用右手食指轻击陶瓷中下部，如声音清亮、悦耳为上品；如声音沉闷、滞浊则为下品。
2	选购金属砖时，应选择仿金属色泽的釉砖，价格比较便宜，并且呈现出来金属质感比较温和，适合铺在面积比较大的空间内。
3	金属砖以硬底良好、韧性强、不易碎为上品。仔细观察残片断裂处是细密还是疏松，色泽是否一致，是否含有颗粒。以残片棱角互划，是硬、脆还是较软，是留下划痕还是散落粉末，如为前者，则该金属砖即为上品，后者即下品。
4	品质好的金属砖无凹凸、鼓突、翘角等缺陷，边直面平，边长的误差不超过 0.2 ~ 0.3 cm，厚薄的误差不超过 0.1cm。
5	品质好的金属砖釉面应均匀、平滑、整齐、光洁、亮丽，色泽一致。光泽釉应晶莹亮泽，无光釉的应柔和、舒适。如果表面有颗粒，不光洁，颜色深浅不一，厚薄不匀甚至凹凸不平，呈云絮状，则为下品。
6	将几块金属砖拼放在一起，在光线下仔细查看，好的产品色差很小，产品之间色调基本一致。而差的产品色差较大，产品之间色调深浅不一。

施工验收 TIPS

　　如果选用金属为原材料的砖作装饰，需要请专门的有丰富经验的师傅来进行施工。此类砖背后多为一层网状薄膜，需要用特殊的黏胶来进行施工，因此除了师傅外，黏胶的品质也是特别需要注意的，只有好品质的黏胶才能保证施工质量和使用年限。如果没有合适的工人，也可以请店家推荐，通常店里都会配有师傅。

这样保养使用更持久

　　金属砖的表面金属已经过抗氧化处理，因此不会变色，平时用桐油进行保养就可以，每两周保养一次即可，这样做能够使表面的光泽度得到保持，但是不能使用强酸性或者碱性的洗剂来擦拭，会破坏金属表层。如果添加了金箔或者白金材料，用清水擦拭即可，还要注意避免重物的撞击。

木纹砖 纹路逼真，易保养

①木纹砖的纹路逼真、自然朴实，没有木地板褪色、不耐磨等缺点，易保养。

②木纹砖的价格较高，踩起来没有木地板温暖。

③木纹砖在各类风格的家居中均适用。

④木纹砖常用的家居空间为客厅、餐厅和厨房，另外由于其瓷质的吸水率最低，硬度和耐磨度也较高，因此也适合用于卫浴和户外阳台。

⑤木纹砖的价格为 90 ～ 120 元 /m²，比一般的常规瓷砖要贵一些。

一看就懂的装修材料书

选购小常识

1	木纹砖的纹理重复越少越好。木纹砖是仿照实木纹理制成的，想要铺贴效果接近实木地板，则需要选择纹理重复少的才能够显得真实，至少达到几十片都不重复才能实现大面积铺贴时的自然效果。
2	木纹砖不仅仅用眼看，还需要用手触摸来感受面层的真实感。高端木纹砖表面有原木的凹凸质感，年轮、木眼等纹理细节入木三分。
3	木纹砖与地板一样，单块的色彩和纹理并不能够保证与大面积铺贴完全一样，因此在选购时，可以先远距离观看产品有多少面是不重复的、近距离观察设计面是否独特，而后将选定的产品大面积摆放一下感受铺贴效果是否符合预想的效果，再进行购买。
4	可以直接以价格判断其品质的好坏，因为烧成技术越好，纹理也会越接近真实，价格当然越高。

温暖的木纹砖适合工作繁忙的家庭使用

　　所谓的木纹砖，顾名思义就是仿木纹的瓷砖，和抛光砖与石材比起来，防滑功效比较好；而在使用感上虽不及木材温润，但还是具有一定的温暖度。因此喜欢温暖格调却又没有太多时间打理居室的家庭可以选择木纹砖替代木地板，它既有木地板的温馨和舒适感，又比木地板更容易打理，并且其尺寸规格也非常多，拥有多变的拼贴方式。

木纹砖既有木质温暖感，又方便清理。

施工验收 TIPS

　　因木纹砖具有木质素材的颜色，然而平时的填缝剂多以灰色系为主，在视觉观感上不太合适，因此可以选用接近木纹砖色调的填缝剂做搭配。

这样保养使用更持久

　　①白色的填缝剂虽然看起来美观，但容易有吃色的问题，就算弄脏后马上清理也难以去掉污渍。因此建议使用具有酵素的清洁剂清洁。若是无法完全去除脏污，可自行DIY挖除脏掉的填缝剂再进行回填。

　　②若在瓷砖上的木纹花纹卡污，可用牙刷、软刷、油漆刷或是软质的布辅助擦拭干净。

板岩砖　质均耐磨，具有板岩效果

 建材快照

①板岩砖的吸水率低、花色多，颜色分布比天然板岩均匀，且价格比天然板岩低廉。

②板岩砖具有瓷砖易碎、易破裂，表面强度弱等缺点。

③板岩砖属于仿古砖，因此较为适合复古家居，但其具有的石材特征，也适用于现代风格的家居。

④板岩砖适用于客厅、餐厅、厨房、卫浴等空间的墙地面铺设。

⑤板岩砖依照窑烧难度、着色方式及硬度的区别，可以分为陶瓷板岩砖和石英石板岩砖两类，其中陶瓷板岩砖的价格为 50 ~ 320 元 /m²，石英石板岩砖的价格为 50 ~ 400 元 /m²。

根据铺贴面积来选择板岩砖尺寸

板岩砖适合墙面及地面使用，有不同的尺寸，可以根据空间的面积来选择砖体的大小。通常来说大空间适合选择大块的砖，小面积适合铺贴小块砖，整体效果才会显得协调。例如，100m² 以下的室内空间适合选择尺寸为 300mm×600mm 的砖体，而 100m² 以上的室内空间则适合选择 600mm×600mm 以上尺寸的砖。另外，卫浴中因需要倾斜一定的角度以利于排水，所以适合选择小块砖，比较容易铺贴。

卫浴中采用小尺寸的板岩砖不仅凸显了特性，也令空间的整体效果显得更加协调。

过道中采用硬度较高的石英石板岩砖，可降低日常行走带来的磨损。

板岩砖还可以用于墙面铺设，现代感十足。

选购小常识

1	选购板岩砖时，可以从经济角度及房子的使用年限予以综合性的考虑。如果打算更换房子，追求短暂的效果或追求新鲜感，喜欢翻新，则建议选择陶瓷板岩砖；如果不打算更换房子，想长久的保留效果并打扫省力，则建议选择石英石板岩砖。
2	由于板岩砖的可铺设区域广泛，在选购时应注意，如果是用于地面铺设，最好选择硬度较高的石英石板岩砖。

施工验收 TIPS

①铺设板岩砖时，一般板岩砖的边角并不会如其他砖那么平直，砖与砖之间仍会有些微的差距，因此需要保留 6mm 的缝隙，以达到整齐的效果。若想要缩小缝隙，可用水刀裁切后铺贴，缝隙可缩小到 3mm，但是施工价格也会提高。

②板岩砖的填缝剂要避免整片涂抹，因为板岩砖凹凸不平的纹路容易残留填缝剂，事后不易清洁。应在板岩砖的缝隙直接以镘刀少量涂抹填缝剂，或采用"勾缝"方式，以填缝袋尖端直接作业。

这样保养使用更持久

板岩砖的清洁相较于天然板岩更加容易，平时使用清水保养即可。但板岩砖的表面略微粗糙，虽然防滑，但容易产生脏污，建议可定期用专门的瓷砖清洁剂来清洁。

玻璃能够有效地化解空间的沉重感，

并且具有耐擦洗的特性；

现代家庭使用的装饰玻璃大部分都经

过深加工，

如雕花、磨花、磨砂、彩绘等，

极具艺术效果，

是装点空间的最佳元素。

Chapter ❺
装饰玻璃

玻璃烤漆

艺术玻璃

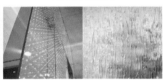

镜面玻璃

钢化玻璃

建材快照

①烤漆玻璃使用环保涂料制作，环保、安全，具有耐脏耐油、易擦洗、防滑性能高等优点。

②烤漆玻璃若涂料附着性较差，则遇潮易脱漆。

③烤漆玻璃作为具有时尚感的一款材料，最适合表现简约风格和现代风格，而根据需求定制图案后也可用于混搭风和古典风。

④烤漆玻璃的运用广泛，可用于制作玻璃台面、玻璃形象墙、玻璃背景墙、衣柜柜门等。

⑤烤漆玻璃的价格为 60 ~ 300 元 /m^2，钢化处理的烤漆玻璃要比普通烤漆玻璃贵。

运用烤漆玻璃为家居环境"争光"

如果居室的自然光线不是很理想，设计背景墙时，可以用具有反光效果的烤漆玻璃做主材。另外，烤漆玻璃还可以运用到柜面设计中，同样可以达到美化家居、扩大空间感的作用。

卧室中衣柜采用带有印花图案的烤漆玻璃，装点空间的同时，也为居室提升了亮度。

楼梯过道处采用红色的烤漆玻璃作装饰，与整体家居中的红色调十分吻合。

选购小常识

1	透明或白色的烤漆玻璃并非完全是纯色或透明的，而是带有些许绿光，所以要注意玻璃和背后漆底所合起来的颜色，才能避免色差的产生。
2	品质好的烤漆玻璃正面看色彩鲜艳、纯正均匀，亮度佳、无明显色斑。
3	品质好的烤漆玻璃，背面漆膜十分光滑，没有或者有很少的颗粒突起，没有漆面"流泪"的痕迹。
4	根据不同用途，选购烤漆玻璃的厚度有所区别，用于厨卫壁面的首选厚度是5mm，若做轻间隔或餐桌面，则建议选购8～10mm厚的烤漆玻璃。

施工验收 TIPS

①壁面烤漆玻璃安装完成后是无法再钻洞开孔的，因此必须丈量插孔座、螺丝孔位置，开孔完成后再整片安装。另外，安装厨房烤漆玻璃壁面时，若壁面上已有抽油烟机等，必须先拆除才能安装。因此要考虑安装顺序，先安装壁柜、烤漆玻璃，再安装油烟机、水龙头等。

②粘贴柜面、门片烤漆玻璃时要保持表面干燥与清洁，先以甲苯等溶剂清洗干燥后，粘贴才会更平整。

这样保养使用更持久

①烤漆玻璃在使用过程中，应避免用过湿的抹布擦拭门板表面，因为尤其在过于潮湿的环境下油漆漆膜的完整性可能会遭到损坏，漆膜会发生龟裂。

②烤漆玻璃在厨房的使用中，很难避免油烟，当整体橱柜门板表面有油烟、油渍时，用洗涤剂擦拭即可，洗涤剂与水的比例为1：10。

③烤漆玻璃在使用过程中应尽量避免撞击，优质烤漆玻璃板的漆膜硬度在2H左右，即10kg的重物砸在门板表面，门板可能会出现坑，但漆膜不会出现大面积脱落。

电视背景墙采用红色烤漆玻璃，搭配简约的木质收纳柜，既增加了室内的采光，又在视觉上扩大了空间面积。

钢化玻璃

耐冲击强度高，安全性能好

 建材快照

①钢化玻璃的安全性能好，有均匀的内应力，破碎后呈网状裂纹，各个碎块不会产生尖角，不会伤人。其抗弯曲强度、耐冲击强度是普通平板玻璃的 3 ~ 5 倍。

②钢化玻璃不能进行再切割和加工，温差变化大时有自爆（自己破裂）的可能性。

③钢化玻璃常用于现代风格、后现代风格及混搭风格的家居设计中。

④钢化玻璃多用于家居中需要大面积玻璃的场所，如玻璃墙、玻璃门、楼梯扶手等。

⑤钢化玻璃的价格一般 ≥ 130 元 /m²。

既清爽又易于清洗的玻璃推拉门

虽然推拉门的设计材料丰富，但钢化玻璃无疑是其中最受欢迎的材料，这种材料不仅可以让光线穿透，也不妨碍视觉的延伸，并且独具质感和氛围。此外，钢化玻璃还非常容易清洗，对于现代忙碌的家庭来说非常省心。仅仅在水中放些蓝靛溶液，就会增加玻璃的光泽；用报纸或牛仔布进行擦拭，也可以瞬间令玻璃光洁如新。

钢化玻璃推拉门搭配马赛克，将卫浴与卧室分隔开来，既通透，又起到分隔空间的作用。

玻璃推拉门为卫浴分隔出完整的空间感，并使黑白卫浴通透感十足。

	选购小常识
1	查看产品出厂合格证,注意 CCC 标志和编号、出厂日期、规格、技术条件、企业名称等。
2	戴上偏光太阳眼镜观看玻璃,钢化玻璃应该呈现出彩色条纹斑。
3	有条件的话,用开水对着钢化玻璃样品冲浇 5 分钟以上,可减少钢化玻璃自爆的概率。
4	钢化玻璃的平整度会比普通玻璃差,用手使劲摸钢化玻璃表面,会有凹凸的感觉。观察钢化玻璃较长的边,会有一定弧度。把两块较大的钢化玻璃靠在一起,弧度将更加明显。
5	在光的下侧看玻璃,钢化玻璃会有发蓝的斑。
6	钢化后的玻璃不能进行再切割和加工,因此玻璃只能在钢化前就加工至需要的形状,再进行钢化处理。若计划使用钢化玻璃,则需测量好尺寸再购买,否则很容易造成浪费。

施工验收 TIPS

①钢化玻璃门在施工时需注意玻璃的安装尺寸应从安装位置的底部、中部,到顶部进行测量,选择最小尺寸为玻璃板宽度的切割尺寸。如果在上、中、下测得的尺寸一致,其玻璃宽度的裁割应比实测尺寸小 3 ~ 5mm,玻璃板的高度方向裁割,应小于实测尺寸的 3 ~ 5mm。玻璃板裁割后,应将其四角做倒角处理,倒角宽度为 2mm,如若在现场自行倒角,应手握细砂轮块做缓慢细磨操作,防止崩边崩角。

②安装钢化玻璃隔断墙时应在施工时根据设计需求按玻璃的规格安装在小龙骨上,用压条安装时应先固定玻璃一侧的压条,并用橡胶垫垫在玻璃下方,再用压条将玻璃固定;用玻璃胶直接固定玻璃时,应将玻璃安装在小龙骨的预留槽内,然后用玻璃胶封闭固定。

这样保养使用更持久

①由于钢化玻璃的应力点集中在边角处,边角一旦破碎,钢化玻璃破裂的概率就会增大,所以为了家居的安全着想,不要使用尖锐的硬物去敲击钢化玻璃的边角。

②不要在钢化玻璃桌面长期放置重物,避免压力值达到临界点导致钢化玻璃破碎,另外要避免桌面冷热不均匀。

③避免让钢化玻璃接触到氢氧化钠等碱性物质和氢氟酸,玻璃本质上是二氧化硅,会与以上物质发生化学反应。

镜面玻璃

装饰效果强，可起到放大视觉空间的作用

①为提高装饰效果，在镜面玻璃镀镜之前可对原片玻璃进行彩绘、磨刻、喷砂、化学蚀刻等加工，形成具有各种花纹图案或精美字画的镜面玻璃。

②镜面玻璃相较于其他品种的玻璃在价格上较为昂贵。

③镜面玻璃最适用于现代风格的空间，不同颜色的镜片能够体现出不同的韵味，营造或温馨、或时尚、或个性的氛围。

④镜面玻璃常用于家居中的客厅、餐厅、书房等空间的局部装饰。

⑤镜面玻璃的价格大致为 280 元 /m²。

各类镜面玻璃大比拼

分类		特点	元 /m²
黑镜		个性、色泽神秘、冷硬，不建议大面积使用，适用于现代、简约风格的室内空间中。	约 260
灰镜		特别适合搭配金属材料使用，不同于黑镜，即使大面积使用也不会过于沉闷，适合用于现代、简约风格的室内空间中。	约 260
茶镜		给人温暖的感觉，适合搭配木纹饰面板使用，可用于各种风格的室内空间中。	约 260

分类		特点	元/m²
明镜		最常见的水银镜，价格最低，反射率最高，适合各种风格，应用比较广泛。	约220
彩镜		色彩丰富，有红镜、紫镜、酒红镜、蓝镜、金镜等，反射效果弱，可作局部点缀使用，不同色彩适合不同风格。	约280

镜面玻璃是扩大空间感的必备元素

　　镜面玻璃能够折射光线、模糊空间之间的界限，从视觉上起到扩大空间感的作用。特别适合室内面积不大的空间，或者空间本身存在着一定建筑缺陷，如梁、柱比较多的空间。

用明镜包裹柱子，掩盖了原有的建筑缺陷，扩大了居室的空间感。

镜面玻璃的恰当使用很重要

　　不论哪一种镜面玻璃，都不适合过大面积使用，特别是反射效果强烈的明镜，会产生过多的影像重叠，使人感觉杂乱。另外，有色的镜面玻璃，适合搭配不同的材料，能够强化风格特征，如白墙搭配黑镜，在现代感之外显得更具质感，不会显得过于直白、平淡。

沙发背景墙的挖"洞"处利用茶镜进行装饰，扩大了空间视觉面积。

沙发背景墙用黑镜来装饰的同时，加入了木线的搭配，既有装饰性，又避免了镜面玻璃的过多运用。

选购小常识

1	查看镜面玻璃的表面是否平整、光滑且有光泽。
2	镜面玻璃的透光率大于 84%，厚度为 4 ～ 6mm，选购时应确认是否达标。

施工验收 TIPS

有的基层材料不适合直接粘贴镜面玻璃，包括轻钢龙骨架的天花板、发泡材质、硅酸钙板及粉墙。若直接将镜面玻璃粘贴在浴室墙面上，则要特别注意基层的防水。将镜面玻璃贴在柜子上时，若柜体表面使用的是酸性涂料，会加速镜片的氧化，缩短使用年限。

这样保养使用更持久

①镜面玻璃如果有了污渍，可以用软布蘸些煤油或蜡擦拭，擦过后千万不要再用湿布擦拭，否则会让镜面变得模糊，而且玻璃镜面会受到腐蚀。另外也可以用牛奶或者2:1比例配制的水醋溶液擦拭镜面，可以使镜面清晰、光亮如新。

②卫浴的镜面玻璃因为经常受到热气熏蒸，所以模糊不清，可以将肥皂液、香皂液、洗涤灵或者化妆水涂抹到镜面上，然后再用干布擦拭。或者也可以使用喷雾式的玻璃清洁剂，在玻璃上喷出一个大大的X形，再用拧干的抹布顺着一个方向擦拭；如果发现镜面玻璃上还有水印，可以用报纸揉成团，来回擦拭，去除暗淡。

艺术玻璃

款式多样、可定做

 建材快照

①艺术玻璃的款式多样，具有其他材料没有的多变性。

②艺术玻璃如需定制，则耗时较长，一般需 10 ～ 15 天。

③艺术玻璃的选择种类很多，可以起到改变家居风格的作用，不同风格的家居可以按需选择。

④艺术玻璃的运用广泛，可以用于家居空间中的客厅、餐厅、卧室、书房等空间；从运用部位来讲，则可用于屏风、门扇、窗扇、隔墙、隔断或者墙面的局部装饰。

⑤艺术玻璃根据工艺难度不同，价格高低比较悬殊。一般来说，100元 /m² 的艺术玻璃多属于 5mm 厚批量生产的划片玻璃，不能钢化，图案简单重复，不适宜作为主要点缀对象；主流的艺术玻璃价位在 400 ～ 1000元 /m²。

各类艺术玻璃大比拼

分类		特点	适用空间
LED玻璃		一种 LED 光源与玻璃完美结合的产品，有红、蓝、黄、绿、白 5 种颜色，可预先在玻璃内部设计图案或文字。	多用于家居空间的隔墙装饰。
压花玻璃		表面有花纹图案，可透光，但却能遮挡视线，具有透光不透明的特点，有优良的装饰效果。	主要用于门窗、室内间隔、卫浴等处。

分类	特点	适用空间
雕刻玻璃	立体感较强，可以做成通透的或不透的，所绘图案一般都具有个性"创意"。	适合别墅等豪华空间做隔断或墙面造型。
夹层玻璃	安全性好，破碎时，玻璃碎片不零落飞散，只能产生辐射状裂纹，不伤人。抗冲击强度优于普通平板玻璃。	多用于与室外接壤的门窗。
镶嵌玻璃	能体现家居空间的变化，可以将彩色图案的玻璃、雾面朦胧的玻璃、清晰剔透的玻璃任意组合，再用金属丝条加以分隔。	广泛应用于家庭装修中。
彩绘玻璃	应用广泛的高档玻璃品种，可逼真地对原画进行复制，而且画膜附着力强，可擦洗。根据室内彩度的需要，选用彩绘玻璃，可将绘画、色彩、灯光融于一体。	根据图案的不同，适用于家居装修的任意部位。
砂面玻璃	由于表面粗糙，使光线产生漫射，透光而不透视，它可以使室内光线柔和而不刺目。	常用于需要隐蔽的空间，如卫浴的门窗及隔断。
冰花玻璃	装饰效果优于压花玻璃，给人以清新之感，是一种新型的室内装饰玻璃。	可用于家庭装修中的门窗、隔断、屏风。
砂雕玻璃	各类装饰艺术玻璃的基础，它是流行时间最广，艺术感染力最强的一种装饰玻璃，具有立体、生动的特点。	可用于家庭装修中的门窗、隔断、屏风。
水珠玻璃	也叫肌理玻璃，它跟砂雕艺术玻璃一样，使用周期长，可登大雅之堂。	可用于家庭装修中的门窗、隔断、屏风。

艺术玻璃是表达居住者个人独特风格的极佳素材

　　艺术玻璃是以玻璃为载体，加上一些工艺美术手法使个性、情感和理想得以展现。由于艺术玻璃有很大的美学想象空间，可以是装饰也可以是视觉焦点，创造与众不同的空间氛围，是表达居住者个人独特风格的极佳素材。另外，由于艺术玻璃折光系数高亦具有透光性，因此使用时需要考虑光源，有充足的自然光或人造光源，才能令艺术玻璃充分展现出层次丰富的色彩。

镶嵌玻璃材质的玻璃隔断为风格简约的居室增加了艺术性。

选购小常识

1	选购时最好选择钢化的艺术玻璃，或者选购加厚的艺术玻璃，如10mm、12mm等，以降低破损概率。
2	客制化的艺术玻璃并非标准产品，因此尺寸、样式的挑选空间很大，有时也没有完全相同的样品可以参考。因此最好到厂家挑选，找出类似的图案样品参考，才不会出现想象与实际差别过大的状况。

彩绘玻璃作为玄关隔断美化了空间，也不影响居室　砂面玻璃更具质感，令玻璃隔断的层次感加强。
采光。

施工验收 TIPS

　　①艺术玻璃多为立体，因此在安装时留框的空间要比一般玻璃略大些，安装时才会较为
顺利；另外，因其有更多的立体表现部分，因此在安装时要仔细检查，细看每个立体部分有
无破损，整体、边角是否完整。

　　②艺术玻璃未经强化处理，所以装置地点最好固定，不要经常挪动，这样才能兼顾艺术
设计与居家安全性。

这样保养使用更持久

　　①艺术玻璃的日常保养并不麻烦，用软布干擦或清水擦拭即可。对于立体性高、凹凸有
致的艺术玻璃，可先用软毛小刷擦去灰尘，清洁效果更佳。

　　②艺术玻璃需要光源表现美感，若是内置式光源设计，在清洁时要特别注意管线等状况，
避免摩擦或移动。

玻璃砖
环保、隔热，做隔墙的好材料

 建材快照

①玻璃砖是一种隔音、隔热、防水、节能、透光良好的非承重装饰材料。

②玻璃砖最大的缺点为抗震性能差。

③玻璃砖分为无色和彩色，均适用于现代风格，其中彩色玻璃砖还适用于田园风格、混搭风格等。

④多数情况下，玻璃砖并不作为饰面材料使用，而是作为结构材料，作为墙体、屏风、隔断等类似功能设计的材料使用。

⑤中国、印度、捷克生产的无色玻璃砖约为 20 元 / 块，德国、意大利生产的约 30 元 / 块；彩色玻璃砖以德国、意大利进口为主，约为 50 元 / 块，特殊品种则约 100 元 / 块。

玻璃砖在家居中的用途十分广泛

在家居中常用玻璃砖墙作为隔墙，既能分隔大空间，同时又保持了大空间的完整性，既达到遮挡效果，又能保持室内的通透感。另外，也可以将玻璃砖有规则地点缀于墙体之中，能够去掉墙体的死板、厚重之感，让人感觉整个墙体重量减轻。墙体还可以充分利用玻璃砖的透光性，将光线共享。如果居住者偏爱时尚的家居设计，还可以利用玻璃砖来处理地面和吊顶，可以为家居营造出晶莹剔透之感。

	选购小常识
1	通过观察玻璃砖的纹路和色彩可以简单地辨别出玻璃砖的产地，意大利、德国进口的产品因细砂品质佳，会带一点淡绿色；从印尼、捷克进口的产品感觉比较苍白。
2	玻璃砖的外观不允许有裂纹，玻璃坯体中不允许有不透明的未熔物，不允许两个玻璃体之间的熔接及胶接不良。
3	玻璃砖大面外表的面里凹应 < 1mm，外凸应 < 2mm，重量应符合质量标准，无表面翘曲及缺口、毛刺等质量缺陷，角度要方正。

玻璃砖堆砌的墙体为居室带来了与众不同的视觉效果，同时也保证了居室的光线流通。

施工验收 TIPS

①玻璃砖分隔墙顶部和两端应用金属型材，其槽口宽度应大于砖厚度 10 ~ 18mm。当隔断长度或高度>1.5m 时，在垂直方向每两层设置一根钢筋（当长度、高度均超过 1.5m 时，设置两根钢筋）；在水平方向每隔三个垂直缝设置一根钢筋。钢筋伸入槽口不小于 35mm。玻璃分隔墙两端与金属型材两翼应留有宽度不小于 4mm 的滑缝，缝内用油毡填充；玻璃分隔板与型材腹面应留有宽度不小于 10mm 的胀缝，以免玻璃砖分隔墙损坏。

②玻璃砖在铺设时必须请专业的师傅进行施工，以块计价，可以使用一般黏着剂、填缝剂（如水泥），每块工钱 10 ~ 20 元，若用矽康利填缝，每块玻璃砖需另加费用。

这样保养使用更持久

如果玻璃砖表面有茶渍、果渍、咖啡酱醋、皮鞋印等污渍，可以使用次氯酸钠稀释液（漂白剂），浸泡 20 ~ 30 分钟后用布擦净；有些渗入砖内时间较长的污渍，浸泡时间需几个小时。

如果玻璃砖表面有水泥、水垢、水锈、锈斑等，可以使用盐酸或磷酸溶液，多擦几遍。擦拭的时候需戴上皮胶手套，将污渍清除后，一定要用清水将砖面擦洗干净。

改变室内色彩最简单的方法，
就是运用各种各样的涂料。
除了丰富多彩的颜色选择外，
涂料也可以利用各种涂刷工具，
做成仿石纹、布纹等以假乱真的饰面效果。
另外，市面上还推出多功能涂料，
具有调节室内温、湿度，消除异味等作用，
令家居空间更加环保。

Chapter ❻
装饰涂料

乳胶漆

艺术涂料

硅藻泥
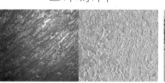
墙面彩绘

乳胶漆 色彩多样、适合 DIY

①乳胶漆具有无污染、无毒、无火灾隐患，易于涂刷、干燥迅速，漆膜耐水、耐擦洗性好，色彩柔和等优点。

②乳胶漆的缺点为涂刷前期作业较费时费工。

③乳胶漆的色彩丰富，可以根据自身喜好调整颜色，涂刷出各种家居风格。

④乳胶漆的应用广泛，可用作建筑物外墙及室内空间中墙面、顶面的装饰。

⑤乳胶漆的价格差异较大，市面上的价格大致是 200 ~ 2000 元 /m²。

利用乳胶漆轻易展现居室风格

室内装饰中，乳胶漆可谓是最常用到的材料，无论何种风格的居室都可以利用乳胶漆轻易展现出其特征。例如，现代风格的居室一般采用低彩度、高明度的色彩，如灰白、米黄和浅棕，这样处理不易使人感到视觉疲劳，同时可提高与家具色调的适应性；喜欢时尚感的业主还可以用对比色的乳胶漆来涂刷墙面；而简约风格的居室，黑白灰三色的乳胶漆是最为常用的。在中式风格的居室中，也可以用红色乳胶漆来表现其风格；地中海风格中，蓝白色乳胶漆可以轻松打造出一个充满海洋气息的家居环境。

红色乳胶漆涂刷的沙发背景墙明亮、鲜艳，沙发上的红色抱枕很好地延续了色彩的运用。

沙发背景墙采用蓝色和白色的乳胶漆涂刷，将居室的地中海风格渲染得淋漓尽致。

选购小常识

1 用鼻子闻。真正环保的乳胶漆应是水性无毒无味的，如果闻到刺激性气味或工业香精味，就应慎重选择。

2 用眼睛看。放一段时间后，正品乳胶漆的表面会形成一层厚厚的、有弹性的氧化膜，不易裂；而次品只会形成一层很薄的膜，易碎，且具有辛辣气味。

3 用手感觉。将乳胶漆拌匀，再用木棍挑起来，优质乳胶漆往下流时会成扇面形。用手指摸，正品乳胶漆应该手感光滑、细腻。

4 耐擦洗。可将少许涂料刷到水泥墙上，涂层干后用湿抹布擦洗，高品质的乳胶漆耐擦洗性很强，而低档的乳胶漆只擦几下就会出现掉粉、露底的褪色现象。

5 根据空间功能选购。例如，卫浴、地下室最好选择耐真菌性较好的，而厨房则最好选择耐污渍及耐擦洗性较好的产品。

施工验收 TIPS

①乳胶漆在涂刷前，有必要对涂刷面积进行一番测算，大致估计一下需要多少涂料，以免造成不必要的浪费。在一个标准的方形房间里，除了4个面需要涂刷外，还有顶面部分，在这5个面里又会有门和窗，所以需要减去门和窗的面积，即：长×宽+长×高×2+宽×高×2-门窗面积，经简化得：长×宽+周长×高-门窗面积。一般情况下，通过以上方法算出的结果都在占地面积的3.5倍左右，所以在实际使用中可以用长×宽×3.5来估算内墙的涂刷面积。

②在涂刷乳胶漆前，新房的墙面一般只需要用粗砂纸打磨，不需要把原漆层铲除。旧房子翻新的墙面需要把原漆面铲除。方法是用水先把墙面喷湿，然后用泥刀或者电刨机把表层漆面铲除。对于年代比较久远的旧墙面，若表面已经有严重漆面脱落，批荡面呈粉沙化情况的，需要把漆层和整个批荡铲除，直至见到水泥批荡或者砖层。然后用双飞粉和熟胶粉调拌打底批平。然后再涂饰乳胶漆，面层需涂2~3遍，每遍的间隔时间以24小时为佳。

这样保养使用更持久

乳胶漆涂刷的墙面若有脏污，平时用湿布或海绵蘸清水，以打圆圈的方式轻轻擦拭脏污的地方即可轻松去污。

墙面彩绘

具有独特创意，装饰效果极强

 建材快照

①墙面彩绘可根据室内的空间结构就势设计，掩饰房屋结构的不足，美化空间，同时让墙面彩绘和屋内的家居设计融为一体。

②墙面彩绘只能是室内装饰的一种点缀，如果频繁使用会让空间感觉凌乱，无重点。

③墙面彩绘在绘画风格上不受任何限制，不但具有很好的装饰效果，可定制的画面也能体现居住者的时尚品位。

④墙面彩绘一般用于家居空间墙面的局部点缀，但其俏皮活泼的特性，使之在儿童房中广泛运用。

⑤墙面彩绘根据墙面的大小及图案的难易程度有所不同，大致为 80 ~ 1800 元 /m²。

不同材质的墙面彩绘优缺点比较

分类	优点	缺点
乳胶漆	可以与用乳胶漆涂刷的墙面完美结合，不反光。	相较于丙烯颜料在价格上略贵。
丙烯颜料	可用水稀释，利于清洗；颜料在落笔后几分钟即可干燥；颜色饱满、浓重、鲜润；作品的持久性较强；无毒，对人体不会产生伤害。	干燥后会形成一层防水膜，因此会反光，在光线较强的情况下会显得刺眼、不柔和。

不同空间进行墙面彩绘应各有侧重

如果在客厅吊顶进行创作，可选择一些有朝气的题材。还可以在厨房、卫浴或书房甚至门板上进行创作，这时要注意手绘画幅不要太大，力求精致，题材最好选择古朴素材。除此之外，墙面彩绘还可以运用在一些不明显的地方，如在墙壁转角或地脚做相应的搭配，这种场所的图案只需起到点缀作用即可，如一棵小树或者几朵花。

墙体彩绘用于儿童房中，令空间具轻松、活泼，符合儿童成长性格特点。

墙面彩绘非常自由、个性，可充分表现出业主的个性品位。

纯手工绘制的墙面可以根据墙面就势设计。

施工验收 TIPS

①墙面彩绘绘制完后，室内墙面干透时间为 12 小时，家具类干透时间为 7 天，布艺类干透为 24 小时。此期间内，要注意对墙体彩绘色彩的保护。

②手工绘画往往有绘画笔迹、笔触的痕迹，熟练高超的笔法会留下潇洒飘逸、生动活泼笔迹，这也是手工艺术的吸引之处，但也有些因技法不熟练或过于匆忙完工而留下的败笔。简单的手绘墙画一般都能达到和手稿、图片一模一样或优于手稿；某些复杂的图案一般也能达到 95% 以上的准确度。

这样保养使用更持久

墙面彩绘干燥以后可以防水、防汗，除去在极其潮湿的环境外，彩绘后的墙面一般可在 10 年内保存完整。一般室内墙画无须太多保护，注意避免灰尘、水分、人为破坏、油烟或故意的擦刮。

艺术涂料

具有个性的装饰效果

 建材快照

①艺术涂料无毒、环保，同时还具备防水、防尘、阻燃等功能。优质的艺术涂料可洗刷、耐摩擦，色彩历久常新。

②艺术涂料对施工人员作业水平要求严格，需要较高的技术含量。

③艺术涂料的种类较多，但其特有的艺术性效果，最适合时尚现代的家居风格。

④艺术涂料应用于装饰设计中的主要景观，如门庭、玄关、电视背景墙、廊柱、吧台、吊顶等，能产生极其高雅的效果。

⑤艺术涂料根据图案的复杂程度，价格为 35~220 元 /m²，比普通墙纸的价格还实惠。

艺术涂料性价比高，用途广泛

运用肌理漆打造电视背景墙，体现出立体感的同时，也极具艺术效果。

石材用于家居装饰，能够营造出高贵、大气的效果。但是天然石材的价格不菲，根据石材种类的不同，需 400 ~ 800 元 /m²，这并不是一般家庭可以接受的。而经过特殊工艺处理的艺术涂料，能够完美模仿出石材的效果，而且价格比石材要便宜很多，造价只需 120 ~ 220 元 /m²。并且可以不局限于用在背景墙，而是整个空间的墙面都可以使用。

各类艺术涂料大比拼

	分类	特点	适用空间
	板岩漆系列	色彩鲜明，通过艺术施工的手法，呈现各类自然岩石的装饰效果，具有天然石材的表现力，同时又具有保温、降噪的特性。	适用别墅等家居空间，颜色可以任意调试。
	浮雕漆系列	立体质感逼真的彩色墙面涂装涂料，装饰后的墙面酷似浮雕的观感效果。	适用于室内及室外已涂上适当底漆之砖墙、水泥砂浆面及各种基面的装饰涂装。
	肌理漆系列	具有一定的肌理性，花型自然、随意，满足个性化的装饰效果，异形施工更具优势，可配合设计做出特殊造型与花纹、花色。	适合应用于形象墙、背景墙、廊柱、立柱、吧台、吊顶、石膏艺术造型等的内墙装饰。
	砂岩漆系列	耐候性佳，密着性强，耐碱优；可以创造出各种砂壁状的质感，满足设计上的美观需求。	可以配合建筑物不同的造型需求，广泛应用于平面、圆柱、线板或雕刻板上。
	真石漆系列	具有天然大理石的质感、光泽和纹理，逼真度可与天然大理石相媲美。	可作为各种线条、门套线条、家具线条的饰面，也广泛应用于背景墙设计。
	云丝漆系列	质感华丽、丝缎效果，可以令单调的墙体布满立体感和流动感，不开裂、起泡。	适合与其他墙体装饰材料配合使用和个性形象墙的局部点缀。
	风洞石系列	堪与真正的石材媲美，并没有石材的冰冷感与放射性，整体感特别强，比起石材价格更低。	整体感强，家居中的转角和圆柱等细部皆适用。

Chapter

6

装饰涂料

121

艺术涂料与壁纸的差别

差别项目	艺术涂料	壁纸
施工工艺	涂刷在墙上，与腻子一样，完全与墙面融合在一起，其效果更自然、贴合，使用寿命更长。	直接贴在墙上，是经加工后的产物。
装饰效果	任意调配色彩，并且图案任意选择与设计，属于无缝连接，不会起皮、不开裂，能保持十年不变色，光线下产生不同折光效果，使墙面产生立体感，也易于清理。	只有固定色彩和图案选择，属有缝连接，会起皮、开裂，时间长会发黄、褪色，难以清理。
装饰部位	内外墙通用，比壁纸运用范围更广。	仅限内墙，只能运用到干燥的地方，类似厨房、卫浴、地下室等空间不能运用。
个性化	可按照个人的思想自行设计表达 。	不能添加个人主观思想元素。
难易程度	其工艺很难被掌握，因此流传度不高。	施工比艺术涂料简单、快捷。

选购小常识

1	看粒子度。取一透明的玻璃杯，盛入半杯清水，然后取少许艺术涂料，放入玻璃杯与水一起搅动。凡质量好的艺术涂料，杯中的水仍清晰见底，粒子在清水中相对独立，没混合在一起，粒子的大小很均匀；而质量差的多彩涂料，杯中的水会立即变得混浊不清，且颗粒大小呈现分化，少部分的大粒子犹如面疙瘩，大部分的则是绒毛状的细小粒子。
2	看销售价。质量好的艺术涂料，均由正规生产厂家按配方生产，价格适中；而质量差的艺术涂料，有的在生产中偷工减料，有的甚至是个人仿冒生产，成本低，销售价格比质量好的艺术涂料便宜得多。
3	看水溶。艺术涂料在经过一段时间的储存后，其中的花纹粒子会下沉，上面会有一层保护胶水溶液。凡质量好的艺术涂料，保护胶水溶液呈无色或微黄色，且较清晰；而质量差的艺术涂料，保护胶水溶液呈混浊态，明显呈现出与花纹彩粒同样的颜色。
4	看漂浮物。凡质量好的艺术涂料，在保护胶水溶液的表面，通常是没有漂浮物的(有极少的彩粒漂浮物，属于正常)；但若漂浮物数量多，彩粒布满保护胶水涂液的表面，甚至有一定厚度，则不正常，表明这种艺术涂料的质量差。

卫浴采用砂岩漆装饰墙面，令空间具有浓郁的自然气息。

施工验收 TIPS

　　艺术涂料上漆基本上分为两种——加色和减色，加色即上了一种色之后再上另外一种或几种颜色；减色即上了漆之后，用工具把漆有意识地去掉一部分，呈现自己想要的效果。质感涂料不是一成不变的，可以不断创作出新图案。

这样保养使用更持久

　　①艺术涂料墙面的清洁十分简单，可以用一些软性毛刷清理灰尘，再以拧干的湿抹布擦拭。优质艺术涂料可以洗刷、耐摩擦、色彩历久弥新。

　　②艺术涂料墙清洁保养方法是每天擦去表面浮灰，定期用喷雾蜡水清洁保养。既有清洁功效，又会在表层形成透明保护膜，更方便日常清洁。另外，若家中有小孩，注意不要让家中的小朋友在使用艺术涂料装饰的墙上写画，同时应避免锐器损坏。

硅藻泥 具有环保、自洁双重功效

 建材快照

①硅藻泥具有消除甲醛、净化空气、调节湿度、释放负氧离子、防火阻燃、墙面自洁、杀菌除臭等功能。

②硅藻泥本身较轻，耐重力不足，容易磨损，所以不能用作地面装饰。由于没有保护层，所以硅藻泥不耐脏，用于墙面时，不要低于踢脚线的位置，最好用于墙面的上部分及吊顶上。

③硅藻泥在各种风格家居中均适用。

④硅藻泥广泛应用于客厅、餐厅、厨房、卧室、书房、儿童房等空间的装修中。

⑤硅藻泥的价格一般为 270 ~ 530 元 /m²。

各类硅藻泥大比拼

分类		特点	吸湿量	元 /m²
稻草泥		颗粒较大，添加了稻草，具有较强的自然气息。	吸湿量较高，可达到 81g/m²	约 330
防水泥		中等颗粒，可搭配防水剂使用，能用于室外墙面装饰。	吸湿量中等，约为 75g/m²	约 270
膏状泥		颗粒较小，用于墙面装饰中不明显。	吸湿量较低，约为 72g/m²	约 270

分类		特点	吸湿量	元 /m²
原色泥		颗粒最大，具有原始风貌。	吸湿量较高，可达到81g/m²	约300
金粉泥		颗粒较大，其中添加了金粉，效果比较奢华。	吸湿量较高，可达到81g/m²	约530

具有环保、自洁双重功效的硅藻泥电视墙

电视背景墙采用环保的硅藻泥装饰，不仅可以调节室内湿度、吸附有毒物质、净化空气、保温隔热、防火阻燃、遮蔽放射线，并且不易沾染灰尘，具有墙面自洁的功能，大大减少了业主打扫墙面的频率。

选购小常识

1	购买时要求商家提供硅藻泥样板，以现场进行吸水率测试，若吸水量又快又多，则产品孔质完好；若吸水率低，则表示孔隙堵塞，或是硅藻土含量偏低。
2	用手轻触硅藻泥，如有粉末粘附，表示产品表面强度不够坚固，日后使用会有磨损情况产生。
3	购买时请商家以样品点火示范，若有冒出气味呛鼻的白眼，则可能是以合成树脂作为硅藻土的固化剂，遇火灾发生时，容易产生毒性气体。

施工验收 TIPS

①在施工时，硅藻泥不能倒入其他油漆混合施工，如果原本墙面已有水泥漆或乳胶漆，则可直接涂抹在上面。

②施作墙面不得湿气过重或有壁癌；另外，若有壁纸最好先刮除，以及不建议涂在玻璃砖等光滑表面底材上。

③硅藻泥的涂刷厚度为2～4mm，完工后检查墙面是否确实涂刷完成，尤其是墙面边角处。

这样保养使用更持久

由于硅藻泥遇水容易还原，建议定期用吸尘器或鸡毛掸子清理，间隔可以在半年到一年。

木器漆 让家具和地板更美观

 建材快照

①木器漆可使木质材质表面更加光滑，避免木质材质直接性被硬物刮伤或产生划痕；有效地防止水分渗入木材内部造成腐烂；有效防止阳光直晒木质家具造成干裂。

②木器漆适用于各种风格的家具及木地板饰面。

③木器漆根据品质的区别，价格为 200 ~ 2000 元 / 桶。

各类木器漆大比拼

分类	优点	缺点
硝基漆	干燥速度快、易翻新修复、配比简单、施工方便、手感好。	环保性相对较差，容易变黄，丰满度和高光泽效果较难做出，容易老化。
聚脂漆	硬度高，耐磨、耐热、耐水性好、固含量高(50%~70%)、丰满度好、施工效率高、涂装成本低、应用范围广。	施工环境要求高，漆膜损坏不易修复，配漆后使用时间受限制，层间必须打磨，配比严格。
水性木器漆	环保性相对较高，不易黄变、干速快、施工方便。	施工环境要求温度不能低于 5℃或相对湿度低于 85%，全封闭工艺的造价会高于硝基漆、聚酯漆产品。

选购小常识

1	要注意是否是正规生产厂家的产品，并要具备质量保证书，看清生产的批号和日期，确认产品合格方可购买。溶剂型木器漆国家已有 3C 的强制规定，因此在市场购买时需关注产品包装上是否有 3C 标识。
2	购买木器漆时需要向市场索取同产品在一年内的抽样检测报告。

选购小常识

3	选择聚氨酯木器漆的同时应注意木器漆稀释剂的选择。通常在超市购置的聚氨酯木器漆，其包装中包含主剂、固化剂、稀释剂。
4	选购水性木器漆时，应当去正规的家装超市或专卖店购买。根据水性木器漆的分类，可结合自己经济能力进行选择，如需要价格低的，一般选择第一类水性漆；要是中档以上或比较讲究的装修，则最好用第二类的或第三类水性漆。

施工验收 TIPS

涂刷油漆时环境和涂刷工具必须清洁，操作人员应穿清洁的工作服，戴清洁的工作帽。环境湿度大于85%、气温降至5℃以下时，会延长干燥时间，会产生白雾或消光现象，因此应避免在此情况下施工；气温过高涂料干燥较快，但也会产生针孔或气泡，因此应也应尽量避免高温施工。涂刷油漆宜薄不宜厚，可薄层多道进行；做多层涂装施工时，每遍涂刷应待下层干透后再施工，并且每遍都要打磨。

木器漆多用于家具的饰面，起到保护作用。

这样保养使用更持久

①涂刷后7天内是油漆的养护期，7天后油漆的各项性能才能达到相对稳定。养护期间最重要的是要保持室内空气的流动性和温度的适中性，这样可以保证木器家具表面的漆膜达到正常的硬度。

②涂装后的家具虽然可以承受高温、耐沸水，不会在桌面上留下永久的热水杯白印，但是切忌靠近火炉和暖器片等取暖器，以免高温烘烤，致使木器家具表面开裂、漆膜剥落。

③家具表面的漆膜要经常用柔软的纱布擦抹去灰尘污迹，并定期用汽车上光蜡或地板蜡擦拭，这样可以使表面漆膜光亮如新。漆膜要尽量避免接触高浓度的化学试剂，如盐酸、稀释剂等，以免损坏漆膜。

④若表面漆膜沾上污渍，要立即用低浓度皂水洗去，再用清水洗净后迅速拭干，最后用汽车上光蜡擦拭即可。每隔几年，最好能用同种类别木器漆重刷一遍，以保持家具漆膜常新，经久耐用。

金属漆 全面提高涂层的使用寿命和自洁性

 建材快照

①金属漆的漆膜坚韧、附着力强，具有极强的抗紫外线、耐腐蚀性和高丰满度，能全面提高涂层的使用寿命和自洁性。

②金属漆的耐磨性和耐高温性一般。

③金属漆具有豪华的金属外观，并可随个人喜好调制成不同颜色，在现代风格、欧式风格的家居中得到广泛使用。

④金属漆品不仅可以广泛应用于经过处理的金属、木材等基材表面，还可以用于室内外墙饰面、浮雕梁柱异形饰面的装饰。

⑤金属漆根据品质的区别，价格一般位 50 ~ 400 元 / 桶。

金属漆为家居环境带来愉悦的感官享受

金属漆，又叫"金属闪光漆"，在它的漆基中加有微细的金属粉末（如铝粉、铜粉等），光线射到金属粉末上后，又透过气膜被反射出来。因此，看上去好像金属在闪闪发光一样。这种金属闪光漆，用于家居装饰中，可以给人们一种愉悦、轻快、新颖的感觉。另外，如果改变金属粉末的形状和大小，还可以控制金属闪光漆膜的闪光度；在金属漆的外面，通常会加有一层清漆予以保护。

选购小常识

1	观察金属漆的涂膜是否丰满光滑，以及是否由无数小的颗粒状或片状金属拼凑起来。
2	金属漆已获得 ISO 9002 质量体系认证证书和中国环境标志产品认证证书，购买时需向商家索取。

金属漆涂刷的家具，为家居带来金碧辉煌的视觉效果。

施工验收 TIPS

①在涂刷金属漆之前，底材需要除锈、除油、除尘，可用酸洗、磷化、电动打磨、人工打磨、喷砂等方法除锈；可用溶剂和白电油清洗；如底材粗糙，可先刮涂附着力、干性较好的原子灰。

②金属漆施工时，应避免底漆未实干就喷面漆，可能发生咬底或者起"痱子"的现象，并造成附着力下降。

③喷涂金属漆时，应注意喷漆工具的出漆量、出气量、喷幅宽窄及喷时的移动速度和距离，这些参数与油漆施工黏度一样，都可调节雾化程度。雾化程度不同，可能会造成同一油漆施工出来颜色、光泽、花纹、排列效果的差异，如雾化太低，可能漆膜不均，流平欠佳或者起缩针孔眼；而雾化过头，则可能会失光、粗糙。

这样保养使用更持久

①要保持金属漆的容貌，打蜡必不可少。但需要注意的是，上蜡时不能用力过重，防止穿透金属漆露出底色。

②要保持金属漆的外表干净，仅靠擦一擦灰尘是不够的。应定期对外表喷涂金属漆的家具等物，用优质的清洁剂进行清洁。

壁纸是现代家居中的常用装饰元素。

不同款式的壁纸搭配，

可以营造出不同感觉的个性空间，

让家变得更加生动。

此外，现在壁纸还糅合了高科技成果，

给人们的生活带来了更多地变化和快乐。

Chapter ⑦
装饰壁纸

PVC 壁纸   金属壁纸

纯纸壁纸   木纤维壁纸

PVC壁纸

防水、施工方便

 建材快照

① PVC 壁纸具有一定的防水性，施工方便，耐久性强。

② PVC 壁纸透气性能不佳，在湿润的环境中，对墙面的损害较大，且环保性能不高。

③ PVC 壁纸的花纹较多，适用于任何家居风格。

④ PVC 壁纸有较强的质感和较好的透气性，能够较好地抵御油脂和湿气的侵蚀，可用在厨房和卫浴，几乎适合家居的所有空间。

⑤ PVC 壁纸的价格为 100 ~ 400 元 /m^2，经济型家居中广泛用到。

各类 PVC 壁纸大比拼

分类	制作工艺	特点	适用范围
硝基漆	以纯纸、无纺布、纺布等为基材，在基材表面喷涂 PVC 糊状树脂，再经印花、压花等工序加工而成。	经过发泡处理后可以产生很强的三维立体感，并可制作成各种逼真的纹理效果，如仿木纹、仿锦缎、仿瓷砖等，有较强的质感和较好的透气性。	能够较好地抵御油脂和湿气的侵蚀，可用在厨房和卫浴。
聚酯漆	在纯纸底层或无纺布、纺布底层上覆盖一层聚氯乙烯膜，经复合、压花、印花等工序制成。	印花精致、压纹质感佳、防水防潮性好、经久耐用、容易维护保养。	目前最常用、用途最广的壁纸，可广泛应用于所有的家居空间。

条纹 PVC 壁纸令家居更具律动感

　　经典的条纹图案 PVC 壁纸永远都不会过时，其特有的律动感，仿佛为空间奏响一曲美妙的歌谣；而且条纹本身具有多变性，无论是基本的横向或竖向条纹，还是对其进行变形，用条纹的不同图案和形态来搭配房间里的装饰品，都会为居室带来意想不到的效果，令房间显得生动、活泼。

客厅中大面积的竖条纹 PVC 壁纸，仿若琴键，为空间带来音乐美。

黑白灰三色搭配的条纹 PVC 壁纸，令居室更具现代感。

利用 PVC 图案壁纸扩大居室空间感

　　如果家居空间面积有限，可以通过 PVC 图案壁纸来扩大空间感。横向条纹壁纸可以拉伸视线，而发散性图案则能够造成膨胀感，这两种类型的图案壁纸都能从视觉上达到令空间扩大的效果，从而为小居室带来舒展的空间。

圆形图案的 PVC 壁纸简洁、大方，又有扩大空间的效果，可谓是居室中的宠儿。

菱形图案的壁纸起到扩张的作用，令居室呈现出开阔的姿态。

解疑 PVC 墙纸有毒吗？

PVC 壁纸虽然比起无纺布壁纸环保性是要略差一些，但是正规合格的产品，其实是没有什么影响的。而且 PVC 自粘壁纸不需要另外刷胶，因此在施工过程中，环保性还不错。此外从壁纸生产技术、工艺和使用上来讲，PVC 树脂不含铅和苯等有害成分，与其他化工建材相比，可以说环保性更好。另外，从应用角度讲，欧美等发达国家使用壁纸的量，远远超过我们国家，也足以看出其实壁纸的环保性是不错的。

选购小常识

1 PVC 壁纸的环保性检查，一般可以在选购时，简单地用鼻子闻一下壁纸有无异味，如果刺激性气味较重，证明含甲醛、氯乙烯等挥发性物质较多。此外，还可以将小块壁纸浸泡在水中，一段时间后，闻一下是否有刺激性气味挥发。

2 看 PVC 壁纸表面有无色差、死褶与气泡。最重要的是必须看清壁纸的对花是否准确，有无重印或者漏印的情况。一般好的 PVC 壁纸看上去自然、有立体感。此外，还可以用手感觉壁纸的厚度是否一致。

3 检查壁纸的耐用性，可以通过检查它的脱色情况、耐脏性、防水性及韧性等来判断。检查脱色情况，可用湿纸巾在 PVC 壁纸表面擦拭，看是否有掉色情况。检查耐脏性，可用笔在表面划一下，再擦干净，看是否留有痕迹。检查防水性，可在壁纸表面滴几滴水，看是否有渗入现象。

施工验收 TIPS

① PVC 壁纸在铺贴之前，要处理好墙面漏水、壁癌等问题。另外，由于壁纸施工通常是各项工种的最后一道手续，必须各工种都退场之后才能施作，否则很可能因为木作碎屑等，破坏壁纸的平整度，出现凸起等瑕疵。

② PVC 壁纸的接缝处应位于不易察觉的地方，在施工时应处理得当。若光源从侧面进入，会令接缝处变明显，因此在贴壁纸前应做好放样，将灯光安装好。

这样保养使用更持久

① PVC 壁纸在清洁时，应用湿布或者干布擦拭有脏物的地方，在擦拭时应从一些偏僻的墙角或门后隐蔽处开始，避免出现不良反应造成壁纸损坏。

② PVC 壁纸在日常使用时，应避免带颜色的原料污染壁纸，否则很难清除，也应避免用尖锐的物品划伤壁纸表面。

纯纸壁纸

手感好、色彩饱和度高

①纯纸壁纸不含 PVC 壁纸的化学成分，打印面纸采用高分子水性吸墨涂层，用水性颜料墨水便可以直接打印，打印图案清晰细腻，色彩还原好，可防潮、防紫外线。

②由于纸浆价格越来越昂贵且稀有，纯纸壁纸并不常用。另外，纯纸壁纸不耐湿。

③纯纸壁纸的风格多倾向于小清新的田园风格和简约风格，如果家居是田园风或简约风装修则可以考虑大量使用纯纸壁纸。当然，其他风格也可以适当使用，如作为背景墙。

④纯纸壁纸可以应用于客厅、餐厅、卧室、书房等空间，不适用于厨房、卫浴等潮湿空间。另外，纯纸壁纸环保性强，所以特别适合对环保要求较高的儿童房和老人房使用。

⑤纯纸壁纸的价格为 200～600 元 /m^2，比 PVC 壁纸的价格略高。

一看就懂的装修材料书

选购小常识

1	手摸纯纸壁纸需感觉光滑，如果有粗糙的颗粒状物体则并非真正的纯纸壁纸。
2	纯纸壁纸有清新的木浆味，如果存在异味或无气味则并非纯纸；纯纸燃烧产生白烟、无刺鼻气味、残留物均为白色；纸质有透水性，在壁纸上滴几滴水，看水是否透过纸面；真正的纯纸壁纸结实，不因水泡而掉色，取一小部分泡水，用手刮壁纸表面看是否掉色。
3	注意购买同一批次的产品。即使色彩图案相同，如果不是同一批生产的产品，颜色可能也会出现一些偏差，在购买时往往难以察觉，直到贴上墙才发现。

用纯纸壁纸为家居"吹来"自然风

如果想令家中呈现出自然的味道，一处花草绿植环绕的墙面必不可少，可以用纯纸壁纸为家居"吹来"自然风，这样的设计不仅能彰显出生活的安逸，而且令置身其中的人身心都得到最大限度的放松和享受。

电视背景墙的碎花纯纸壁纸与花朵纹样的沙发，令客厅的田园风情一览无遗。

施工验收 TIPS

①纯纸壁纸的施工与 PVC 壁纸基本相同，但纯纸壁纸更重视壁面的平整度。由于墙面的缝隙、孔洞有很多是肉眼无法辨别的，所以要事先处理墙面的凹洞、裂缝，才能延长壁纸的寿命。

纯纸壁纸会因上浆前后及厚薄，影响吸收水分的速度，造成不同程度的涨缩而影响对花的准确性，经验不足的师傅，甚至可能因接缝处理不当而令墙底露出。

②纯纸的壁纸耐水性相对比较弱，施工时表面最好要避免溢胶，如不慎溢胶，不要擦拭，而应使用干净的海绵或毛巾吸收。如果用的是纯淀粉胶，可等胶完全干透后用毛刷轻刷。另外，纯纸有较强的收缩性，建议使用干燥速度快一些的胶来施工。

这样保养使用更持久

一般而言，3 天就可以看出纯纸壁纸铺贴的平整度。由于冷气较干燥，容易导致壁纸背后的黏胶干裂。因此，铺贴纯纸壁纸后最好 3 天内不要开冷气。让刚刮好的批土与刚贴上去的壁纸在自然状态下风干，这样可以令纯纸壁纸的使用寿命更长。

金属壁纸

具有金属质感的装饰效果

 建材快照

①金属壁纸即在产品基层上涂上一层金属，质感强，极具空间感，可以让居室产生奢华大气之感，属于壁纸中的高档产品。

②金属壁纸在家居装饰中不适合大面积使用，与家具、装饰搭配需要较强的设计感。

③冷调的金属壁纸和后现代风格较为搭配，而金色的金属壁纸则适用于欧式古典风格及东南亚风格的居室。

④金属壁纸在家居空间中适合小面积的用于墙面或顶面，尤其适合局部装饰客厅主题墙。

⑤金属壁纸的价格较高，一般为 200 ~ 1500 元 /m²，适合高档装修的家居空间。

采用混搭手法令金属壁纸在家居中更显高贵感

金属壁纸构成的线条颇为粗犷，若是用于整个墙面，会有俗气之感，很难与家具、装饰进行搭配，但适当点缀又会给居室带来一种前卫与炫目之感。金属壁纸在家居中的运用，可采用混搭手法，其奢华、闪亮的高贵质感，与质朴的涂料或 PVC 壁纸搭配，都可以增添空间墙面的层次感和立体感，但需注意比例上的搭配，若要达到最佳的视觉层次效果，必须在室内灯光的装设位置和角度上做变化。

选购小常识

1	由于金属壁纸是将金、银、铜、锡、铝等金属经特殊处理后，制成薄片贴饰于壁纸表面，因此在购买时要能够鉴别不同种类的金属壁纸。
2	仔细观察金属壁纸的表面，查看是否有刮花、漆膜分布不均的现象。

金属壁纸与灯光搭配得恰到好处，令空间呈现出金碧辉煌的视觉效果。

金属壁纸用于玄关墙面装饰，与大象装饰品相呼应，凸显出浓郁的东南亚风情。

施工验收 TIPS

①金属壁纸表面光滑，容易反光，施工时如果底层凹凸不平、有细小颗粒，都会一览无余。因此金属壁纸施工时对墙面要求较高，光滑平整的墙面是裱糊的基本条件。

②金属壁纸表面带有一层金箔或锡箔，会导电。因此特别要小心避开电源、开关等带电线路。

③因壁纸胶内含有水分，溢胶后再擦除，会造成金属壁纸表面氧化的可能性。故应使用机器上胶，并正确使用保护带。也可以考虑采用墙面上胶的方法进行施工。施工接缝处尽量使用压辊压合，不要用刮板毛巾等。

④金属壁纸铺贴时尽量使用搭接裁切，裁切时应保持刀片锋利（最好使用进口刀片），并及时更换刀片；施工后48小时内不要开门、开窗通风。

这样保养使用更持久

金属壁纸因其金属特性，所以不可用水或湿布擦拭，以避免壁纸表面发生氧化而变黑。清洁时，可以用干海绵轻轻擦拭，或用专用墙纸清洁剂进行清洁。

木纤维壁纸

使用寿命长、易清洗

 建材快照

①木纤维壁纸有相当卓越的抗拉伸、抗扯裂强度(是普通壁纸的 8 ~ 10 倍)，其使用寿命比普通壁纸长。

②木纤维壁纸和大多数壁纸一样，施工时对墙面的平整度要求较高。

③木纤维壁纸的花色繁多，适用于各种风格的家居，尤其适用于充满自然气息的田园风格。

④木纤维壁纸不仅环保，其防水性和防火性能也较高，因此适用于家居中的任何空间。

⑤木纤维壁纸的价格为 150 ~ 1000 元 /m²，可以根据预算选择适合的品种。

木纤维壁纸为家居环境带来和谐的配饰效果

木纤维壁纸由木浆聚酯合成，拥有亚光型光泽，柔和自然，使用寿命也最长，堪称壁纸中的极品。并且木纤维壁纸极易与家具搭配，可以为家居环境带来和谐的配饰效果。另外，木纤维壁纸具有良好的透气性能，能将墙面本身的湿气释放，不至于因潮湿气积压过多导致壁纸发生霉变。即便是在气候潮湿的南方地区，甚至是在湿度较大的梅雨季节，都可以放心使用。

木纤维壁纸与家居中的其他装饰材料搭配得十分和谐，令空间呈现出天然温润的质感。

解疑 木纤维壁纸的寿命长，还是乳胶漆素面墙饰的时间长？

按常规，当然是木纤维壁纸的使用寿命长，因为乳胶漆的素面极其容易脏，擦洗的过程对墙面不可能没有影响，一般使用寿命在 5 ～ 10 年。而木纤维壁纸则不然，维护保养得好可使用10 ～ 15 年。所以，壁纸使用时间的长短，关键是维护和保养。

选购小常识

1	翻开木纤维壁纸的样本，凑近闻其气味，木纤维壁纸散发出的是淡淡的木香味，几乎闻不到气味，如有异味则绝不是木纤维。
2	木纤维壁纸燃烧时没有黑烟，就像烧木头一样，燃烧后留下的灰烬也是白色的；如果冒黑烟、有臭味，则有可能是 PVC 材质的壁纸。
3	在木纤维壁纸背面滴上几滴水，看是否有水汽透过纸面，如果看不到，则说明这种壁纸不具备透气性能，绝不是木纤维壁纸。
4	把一小部分木纤维壁纸泡入水中，再用手指刮壁纸表面和背面，看其是否褪色或泡烂。真正的木纤维壁纸特别结实，并且因其染料为天然成分，所以不会因为水泡而脱色。

施工验收 TIPS

木纤维壁纸在施工时，墙面必须平整、无凹凸，以及无污垢或剥落等不良状况。墙面颜色需均匀一致，平滑、清洁、干燥，阴阳角垂直，另外，墙面应做好防潮处理。

这样保养使用更持久

①木纤维壁纸有一个可用刷子清洗并防液体和油脂的外表层，因此耐擦洗能力强。可以放心用湿抹布进行擦洗，对于特殊区域，甚至可以用小毛刷或金属刷进行清洁，无需担心将壁纸擦伤刮破。

②木纤维壁纸的材质对阳光照射十分敏感，如果长期紫外线照射，会使天然材料的壁纸发黄，因此应避免长期的日照。

无纺布壁纸

环保、可循环再利用

①无纺布壁纸为新一代环保材料,具有防潮、透气、柔韧、质轻、不助燃、容易分解、无毒无刺激性、色彩丰富、可循环再用等特点。

②无纺布壁纸是采用纯天然植物纤维制作而成,不含其他化学添加剂,因此其形式、色彩选择面相对狭窄,没有普通壁纸品种样色多。

③无纺布壁纸可以适用于任何风格的家居装饰中,特别适用于田园风格的家居。

④无纺布壁纸广泛应用于客厅、餐厅、书房、卧室、儿童房的墙面铺贴中。

⑤无纺布壁纸的产地来源主要有欧洲、美国、日本和中国,价格为200 ~ 1000 元 /m²,其中欧美国家的价格最高,日本居中,国产无纺布壁纸的价格最低。

无纺布壁纸为家居带来温馨、轻柔的视觉效果

柔软的布匹很难固定于墙面,无纺布壁纸的产生,主要是方便将棉、麻、丝等织品的质感与触感应用于墙面装饰。无纺布壁纸与传统壁纸最大的不同就是可以体现出布料的温润感,可以为家居环境带来温馨、轻柔的视觉效果。

带有花朵纹样的无纺布壁纸运用于卧室中,与布艺床品搭配为家居带来奢华的感觉。

选购小常识

1	通过看图案和密度鉴别无纺布壁纸的好坏，颜色越均匀，图案越清晰的越好；布纹密度越高，说明质量越好，记得正反两边都要看。
2	无纺布壁纸的手感很重要，手感柔软细腻说明密度较高，坚硬粗糙则说明密度较低。
3	环保的无纺布壁纸气味较小，甚至没有任何气味；劣质的无纺布壁纸会有刺鼻的气味。另外，具有很香的味道的无纺布壁纸也坚决不要购买。
4	在购买时要注意鉴别是否为环保无纺布壁纸，主要可以采用燃烧的方法。环保型无纺布易燃烧，火焰明亮，有少量的黑色烟雾为天然纤维内的碳元素的细小颗粒；人造纤维的无纺布在燃烧时火焰颜色较浅，在燃烧过程中会有持续的灰色烟，并有刺鼻气味。
5	试着用略湿的抹布擦一下无纺布壁纸，能够轻易去除脏污痕迹，则证明质量较好。
6	在无纺布壁纸表面滴几滴水或浸泡于水中，测试壁纸的透水性能，好的壁纸透水性极低。

施工验收 TIPS

　　无纺布壁纸通常比传统壁纸要薄、软，铺贴时用注意墙面是否干净、平整，并需视贴合面的材质来调整底部的处理方式。建议做防潮处理，以便以后更换且避免污染墙壁。

　　无纺布壁纸可以选用胶浆＋墙粉来粘贴；另外，无纺布壁纸不用湿水，只要将墙胶均匀刷在墙上，然后粘贴平整即可。

这样保养使用更持久

　　①无纺布壁纸虽然表面已经施作防护措施，但在使用时仍需注意保持室内空气的流通，以延长使用年限。

　　②无纺布壁纸表面产生脏污时，可以用吸尘器全面的吸尘，之后喷雾器在墙纸的表面喷上一层清洁剂，等待污渍脱离，再用蒸汽清洗器进行清洗（最少两次），最后用拧干的抹布擦干墙纸表面即可。

壁贴 图案多样、省钱便利

 建材快照

①壁贴具有出色的装饰效果，使用非常便捷，局部装点即可改变空间的氛围，还可以自由发挥创意，随意组合。

②并非所有的壁贴都可以自己操作，一些复杂且细致的高级壁贴需要由专业人员施工。

③壁贴具有多样化特征，可以根据家居风格任意选择，尤其适合现代风格和简约风格的家居。

④壁贴适用于家居空间的墙面装饰，但对底材有所要求，通常适合粘贴在乳胶漆墙面、瓷砖表面、玻璃表面、木质表面、塑料表面及金属表面。

⑤壁贴的价格为 50 ~ 1000 元 / 组，价格差异较大，不同装修档次的家居可以选择对应的价位。

千变万化的壁贴搭配带来多样化的家居环境

在白色的沙发背景墙上粘贴壁贴，令原本单一的墙面有了生机。

壁贴的种类非常多，可以用来替代彩色手绘，更换起来非常方便，很适合喜欢保持新鲜感的业主。需要注意的是，墙贴图案及颜色的选择宜结合室内的整体风格进行，如儿童房适合选择活泼具有童趣的款式；客厅则应该根据家居整体风格进行选择。另外，粘贴墙贴时可以不用很严谨，完全可以形成独有的个性，加入自己的想法，变换位置、变换角度等。

自由的墙贴组合适合自己发挥设计想法，将墙面装点得个性化十足。

儿童房的背景墙铺贴上树木和鸟儿的墙贴，再搭配绿色墙面，令空间有了森林的感觉。

选购小常识

1	选购时，目测壁贴的印刷套色是否准确，以及颜色是否鲜艳。
2	打开壁贴的包装后，在 10 ~ 15cm 的距离内，是否会闻到某些特殊的刺鼻气味。
3	通常质量好的壁贴，其胶水的特性是初粘感觉不强，但是贴上去几分钟后，不会起边、起翘，而是非常平整地贴于平面。如果在 1 小时之内，没有起边、起翘现象，基本认为壁贴的黏性达标。

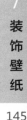
施工验收 TIPS

①壁贴不适合用在不平整的墙面、壁纸墙面以及掉落粉尘的墙面。粘贴壁贴时，必须令贴合面干净、平整，建议用湿布擦干净要贴合的地方，待干燥后，再将壁贴粘贴上去。

②若不小心贴歪了，或有浮起、凹凸的感觉，会影响整体美观，这时可以将壁贴撕下来重贴，好的壁贴一般反复粘贴 5 次以上后黏性才会减弱。

这样保养使用更持久

①刚贴上壁贴的房间白天可以经常打开门窗，保持通风；晚上则要关闭门窗，防止潮气进入；同时也防止刚贴上墙面的壁贴被风吹得松动，从而影响粘贴的牢固程度。

②日常发现特殊脏迹要及时擦除，对耐水壁贴可用水擦洗，洗后用干毛巾吸干即可；对于不耐水的壁贴则要用橡皮等擦拭，或用毛巾蘸些清洁液拧干后轻擦。

③平时要注意防止硬物撞击、摩擦壁贴；倘若有的地方接缝开裂，要及时予以补贴，不能任其发展。

布艺织物是室内常用的装饰元素，

其中以窗帘和地毯最为常见。

不管用什么材料和加工工艺制作的

窗帘和地毯，

最重要的是用在什么地方和作什么用，

以及给居室带来什么样的装饰效果。

Chapter 8
装饰织物

地毯

窗帘

地毯 隔热、防潮，舒适度高

建材快照

①地毯能够隔热、防潮，具有较高的舒适感，同时兼具观赏效果。

②地毯打扫起来相对费时、费力。

③由于地毯的种类繁多，可以根据家居风格选择合适的地毯。

④因为地毯的防潮性较差（塑料地毯除外），清洁较难，所以卫浴、厨房、餐厅不宜铺地毯。另外，地毯容易积聚尘埃，并由此产生静电，容易对电脑造成损坏，因此书房不太适宜铺设；有幼儿、哮喘病人及过敏性体质者的家庭也不宜铺地毯。

⑤地毯的价格根据材质、花型、工艺的不同而有所差异，平均价格在 300 ~ 500 元 /m^2；但也不乏上千元的，及百元左右的品种，可根据装修档次进行选择。

根据家居环境选择地毯的花型

虽然地毯的颜色、花纹、图案等可以根据自己的喜好来选择，但同时不能忘记与环境的协调。比如，在简约风格的家居中，可以选用一些中性的颜色来衬托整体的环境；而欧式风情的家居则可以选择带有复古花纹的地毯。另外，选择地毯的花色时，应与周围的家具、墙面及吊顶等的花色、风格相协调，对比度最好不要太大。从室内空间的构图来看，地毯还可以使室内陈设中的某一组家具连成片，形成虚拟空间，成为室内一个完整的构图中心。

白底大花的地毯，仿若为简约风格的家居中带来了大自然芬芳的气息。

金色与黑色搭配的花纹地毯，既复古，又大气，与欧式风情的家居相得益彰。

各类地毯大比拼

分类		特点	适用范围
纯毛地毯		脚感舒适，不易老化和褪色，是高档的地面装饰材料。清洗保养较麻烦，而且价格昂贵。	高级别墅住宅的客厅、卧室等处。
混纺地毯		在图案、色泽、质地、手感等方面与纯毛地毯相差不大；同时克服了纯毛地毯不耐虫蛀、易腐蚀、易霉变的缺点且价格低廉。	广泛用于家居中的任何空间。
化纤地毯		其质地、视感都近似于羊毛，具有防燃、防污、防虫蛀的特点，清洗维护都很方便。	广泛用于家居中的任何空间。
塑料地毯		具有色彩鲜艳、耐湿、耐腐蚀、耐虫蛀、易于清洗等优点，但质地较薄，手感硬，容易老化。	常用于玄关及卫浴等处。

根据实用性选择地毯装饰空间

　　地毯作为编织品，不同的材质会有不同的使用效果。如果用在玄关等地起防滑作用，则可以考虑混纺的地毯，使用上更耐磨。如果是用在客厅起装饰作用，则可以考虑用羊毛地毯，能够起到良好的装饰美化效果。

在客厅中使用花纹精美的纯毛地毯，大大提升了居室的格调。

选购小常识

1	可以采用燃烧法鉴别地毯的种类：纯毛地毯燃烧速度慢，有烟有泡，灰多且呈脆块状，其气味似燃烧头发，质感丰富，手捻有弹性，具有自然柔和的光泽；化纤及混纺地毯燃烧后熔融呈胶体并可拉成丝状，手感弹性好并且重量轻，色彩鲜艳。
2	可用手去触摸地毯，产品的绒头质量高，毯面的密度就丰满，这样的地毯弹性好、耐踩踏、耐磨损、舒适耐用。
3	选择地毯时，可用手或拭布在毯面上反复摩擦数次，看手或拭布上是否粘有颜色，如粘有颜色，则说明该地毯的色牢度不佳。
4	查看地毯的毯面是否平整，毯边是否平直，有无瑕疵、油污斑点、色差。
5	选购地毯时，其颜色应根据室内家具与室内装饰色彩效果等具体情况而定。一般客厅或起居室内宜选择色彩较暗、花纹图案较大的地毯；卧室内宜选择花型较小、色彩明快的地毯。

施工验收 TIPS

①不固定式铺设：将地毯平铺于地面，四周铺至要求的位置，或铺至墙根。如果地毯需要连接，则需在铺设前将地毯接缝处粘拼整齐。

②固定式铺设有两种方法。一种是粘贴法，地毯与找平层粘贴时，沿地毯四周涂胶粘剂，涂胶宽度为 10 ~ 15cm；也可在地面上用胶粘剂涂成若干一米见方的方格再铺上地毯。另一种是卡钩固定法，这种方法是在房间四周地面上用钢钉安设带卡钩的木条，将地毯张紧挂在卡钩上即可。卡钩宽 25cm 左右，离开墙面 20cm 左右。固定式铺设地毯的方法比较适用于居室装饰不经常变动的房间。

③地毯与地毯间接缝的方法是：在地毯接缝下衬一条 10cm 宽的麻布条，涂上胶粘剂，然后对齐、压平即可。如果要铺双层地毯，则选择上层浮铺厚地毯，下层铺厚橡胶泡沫地毯衬垫。

这样保养使用更持久

①地毯的绒毛容易积灰，吸尘器是对付地毯灰尘的好帮手。可以先用立式吸尘器把地毯大面积的清理一遍，进行除尘第一步；然后再提起手持式吸尘器，对落灰特别严重的地方，如茶几下面、墙角、床沿边进行细致的处理。

②像咖啡、可乐或者果汁等饮料所造成的污渍，需要尽快用干布或者面纸吸去水分；然后用醋沾湿干布轻轻拍拭污渍，直到污渍清除。

③地毯长期使用产生的异味，可以用如下方法清除：在 4L 温水中加入 4 杯醋浸湿毛巾，拧干后擦拭地毯，擦拭完成后把地毯放在通风的地方风干即可。

窗帘 遮光、遮阳，美化居室

①窗帘具有调控光源、防尘隔音的优点，同时还能美化居室。

②纯棉、纯麻材质的窗帘容易褪色。

③不同款式的窗帘适合的家居空间也有所差别，如罗马帘适合欧式家居，落地帘可以根据布料的花纹来搭配空间风格等。

④窗帘的价格根据其品种而有所差别，落地帘的价格为 50 ~ 500 元 / m^2；印花卷帘的价格为 20 ~ 45 元 /m^2；百叶帘的价格为 45 ~ 75 元 /m^2；风琴窗帘的价格为 50 ~ 1200 元 /m^2。

一看就懂的装修材料书

选择与室内物品色调匹配的窗帘

窗帘在居室中占有较大面积，选择时要与室内的墙面、地面及陈设物的色调相匹配，以便形成统一和谐的环境美。例如，墙壁是白色或淡象牙色、家具是黄色或灰色时，窗帘宜选用橙色；墙壁是浅蓝色、家具是浅黄色时，窗帘宜选用白底蓝花色；墙壁是白色、黄色或淡黄色，家具是紫色、黑色或棕色时，窗帘宜选用黄色或金黄色；墙壁是淡湖绿色，家具是黄色、绿色或咖啡色时，窗帘选用中绿色或草绿色为佳。

暖色调的餐厅中，木色百叶帘和窗纱相结合，丰富了空间的视觉层次。

各类窗帘大比拼

分类	特点	优点	缺点
落地帘	采用棉、麻、丝等天然织品制成，多为双开式。	长度长，可遮盖整个窗户，遮光、防噪音、防尘效果极佳。	需要经常性拆洗，保养较为复杂。
罗马帘	采用较硬的提花布和印花布制成。	较为节省空间，具有视觉立体感。	车工复杂，因此价格较高。
卷帘	采用竹子、植物纤维编织等，表面经特殊处理，适用于卫浴。	不易沾染灰尘，维护保养便利，防潮，可以自行DIY。	不适用于面积较大的窗户。
百叶帘	材质多为铝合金、木片、竹片等。	通过叶片角度调节光源并阻隔紫外线。	叶片结构，保养较为不便。
风琴帘	特殊的蜂巢式结构，形成一个中空空间。	有效隔热、控温；可依个人喜好调节光源及遮挡程度。	价格较高。
窗纱	和落地帘的材质基本相同。	设计多元，透光性佳，实用与装饰兼具。	遮光性不佳，常与窗帘一起使用。

窗帘颜色搭配应考虑季节

窗帘颜色选择还应考虑房间的用途和季节。例如，客厅宜选深色，显得庄重大方；老年人房可选暗花和色泽素净的窗帘；而新婚房，窗帘色彩宜鲜艳浓烈，以增添喜庆气氛。就季节而言，春秋季以中性色为宜，如米色、淡墨绿、枯黄、粉红色等；夏季以白色、米色、淡灰、天蓝、湖绿等色为佳；冬季宜用棕色、墨绿、紫红、深咖啡等色。

简约风格的客厅中采用棕色窗帘，更显居室大气之感。

一看就懂的装修材料书

炎热的夏天，将床品和窗帘都换成蓝色系，利用色彩为居室降温。

选购小常识

1	质量好的窗帘手感柔软平整，可以拿起来对光看布匹的纹理是否规整细密。此外，还可以查看布料的标签，含天然材质比例多的布料，比纯化纤的材质要环保。
2	窗帘褶皱并非越多越好。比如，卷帘、罗马帘等，比双层褶皱要节省很多布料，或者直接用花色布艺作窗帘，都是节省资金的好办法。
3	并非所有的窗帘都需要两层。卧室等纯私密空间最好使用双层窗帘；书房和客厅就可以采用一层窗帘。
4	窗帘辅料有窗樱、窗帘圈、挂环等，购买时只买必需的辅料配件即可。窗帘店称免费给消费者加工窗帘，其实很多制作费用都会加在一些非必需的辅料上。如一扇1.4m宽的窗户，若购买150元/m的窗帘布，必要辅料算下来总价约为800元；但若加上帘头、花边等辅料和配件，则总价将近2000元。
5	选择纱帘的时候，颜色最好与窗帘色彩接近，应选同一色系，不要反差过大。

155

施工验收 TIPS

①安装窗帘必须先丈量尺寸，宽度需多留出20～30cm，高度则视窗户是否有平台，若有平台则需减少1cm，避免布料磨损。若没有则可多10～20cm，才能有效遮光。若有对花图案的窗帘布必须预留较多的损料。

②若为相邻的两扇窗装百叶帘，两窗之间需留1～2cm的间距，避免垂下或拉起时，两扇窗帘的叶片互相卡住；若为卷帘，在定位时固定架需离边至少1cm以上，以免影响卷轴装设。另外，横式窗帘施工时需保持水平，以免使用时施力易产生左偏或右偏的问题。

这样保养使用更持久

①由纯棉等天然织物制成的窗帘，平时只要将灰尘掸去即可。若有脏污，可用湿布擦拭；倘若遇到较难处理的污垢，则使用布品专用的清洁剂是最佳拯救方法。

②清洗窗帘前，要阅读其洗涤说明。洗窗帘时务必使用凉水，不可用温水洗涤。洗完后，应先将窗帘按照原有褶子折成长条；前后两个人对拉确保平整。若要脱水，则整齐放入洗衣机内，轻微脱水1～2分钟即可。

③若窗帘尺寸不大，可用冷洗精浸泡后自行手洗，但不可使用漂白粉和强效洗衣粉，洗完后也不可放入烘衣机烘干，以免导致脱色或变形。

④百叶帘、罗马帘和风琴帘较不方便拆下来清洁，只需用湿布或蘸湿的海绵擦拭即可；卷帘部分脏污，则可利用胶带粘贴之后，用小牙刷沾牙膏轻刷，最后再用湿毛巾擦干即可。

⑤可受热材质的窗帘，平时可用直立式蒸汽熨斗轻轻带过，达到杀菌、除螨的作用。至于窗帘盒、轨道与拉杆等配件，则可用软布擦拭。

从实用角度来看，

灯具肩负着家居照明的重大职责；

而从美学角度来说，

灯具所散发的光辉能左右空间的气氛，

独具风格的造型灯具，

可以成为空间中令人惊艳的主角。

因此，如何在各空间中

选择实用性和装饰性兼具的照明设备

是一个值得研究的课题。

Chapter **9**
照明设备

灯具

灯泡

灯具 聚焦灯光层次感，点缀空间

①不同造型、色彩、材质的灯具，可以为居室营造出不同的光影效果。靠灯具的造型及位置的高低，可以轻易地改变室内的氛围。

②灯具的种类和造型极多，可以根据不同的家居风格来选择适合的灯具。

③家居中各个空间都会用到灯具，空间特点不同选择的侧重点也不同。例如，客厅和餐厅可以选择装饰性较强的灯具，厨房和卫浴则应选择易擦洗的灯具，玄关和过道不宜选择大型灯具等。

④灯具以盏或组计价，材质和造型的不同的灯具，价格差异较大，其中进口灯具的价格尤高。

DIY 灯具，更具个性美

除了灯的色温外，造型也是室内装饰非常重要的一部分，近年来十分流行DIY，想要室内空间更具个性，可以利用各种日常用品，发挥巧思，自行DIY独一无二的灯具，来装点空间。一些串珠、塑料瓶、投影片、丝巾、纱布、石头甚至是塑料勺，都能够使平淡无奇的灯具变换出新的面貌，为生活增添情趣。

别出心裁的DIY麻绳灯，创意十足，也体现出居住者高雅的品位与格调。

用铁丝和衣架DIY的餐厅吊灯，令空间充满艺术感。

各类灯具大比拼

分类		特点	种类	应用场所
吊灯		用于居室,分单头吊灯和多头吊灯两种。通常情况下吊灯的最底部不低于2.2m。	欧式烛台吊灯、中式吊灯、水晶吊灯、羊皮纸吊灯、锥形罩花灯、尖扁罩花灯、束腰罩花灯、五叉圆球吊灯。	家居中的客厅、餐厅及卧室。
吸顶灯		安装简易,款式简洁,具有清朗明快的视觉效果。	方罩吸顶灯、圆球吸顶灯、尖扁圆吸顶灯、半圆球吸顶灯、小长方罩吸顶灯等。	基本没有使用空间的限制。
壁灯		属局部照明,兼具装饰作用。其灯泡安装高度离地面不应小于1.8m。	双头玉兰壁灯、双头橄榄壁灯、双头鼓形壁灯、双头花边杯壁灯、玉柱壁灯、镜前壁灯等。	多用于欧式、中式风格的室内空间中。
台灯		台灯光线集中,便于工作和学习。	按材质分为陶灯、木灯、铁艺灯、铜灯等;按功能分为护眼台灯、装饰台灯、工作台灯等;按光源分为灯泡、插拔灯管、灯珠台灯等。	装饰台灯应用广泛,如客厅、卧室等,护眼灯多用于书房、工作室。
落地灯		常用作局部照明,若是间接照明,可以调整整体的光线变化。落地灯的灯罩下边应离地面1.8m以上。	灯罩材质种类丰富,可根据喜好选择。	采光方式若是直接向下投射,适合书房;一般跟随沙发组合出现。
筒灯		嵌装于吊顶内部的隐蔽性灯具,所有光线都向下投射,属直接配光。装设多盏筒灯,可增加空间的柔和气氛。	按安装方式分嵌入式筒灯与明装式筒灯;按灯管安装方式分螺旋灯头与插拔灯头、竖式筒灯与横式筒灯;按光源个数分单插筒灯与双插筒灯。	常用于吊顶周边作点缀或过道中作主灯。
射灯		射灯光线柔和,雍容华贵,既可对整体照明起主导作用,又可局部采光,烘托气氛。	可分为下照射灯、路轨射灯和冷光射灯。	可安置在吊顶四周或家具上部,也可置于内墙裙或踢脚线上。

空间不同，灯具选择也不同

　　一般来说，客厅多用吊灯和吸顶灯。但也可以使用间接照明、落地灯或台灯，看电视较不会觉得刺眼，照明效果更舒适、柔和。在餐厅若安装吊灯，则建议外加灯罩，尽量不要让灯泡外露，预防眼睛直视灯泡造成不适。卫浴或厨房的吊顶因有装设管路而下压，建议装设亚克力的吸顶灯，这类灯具不会太大或过重，也可令空间得到充分平均的照度。另外也可以在厨房柜台或岛台加装工作灯，令料理过程更安全、方便。在卫浴中的灯具建议可加装防潮灯罩，避免湿气入侵，以延长灯泡的使用寿命。

餐厅采用外加灯罩的吊灯，避免眼睛直接接触光源，也令空间在灯光的映射下更具层次感。

选购小常识

1	选带有 3C 认证的产品。购买时要仔细查看商品是否有清晰、耐久的标志，生产厂家名称及地址、产品型号、产品主要技术参数、商标、制造日期及产品编号、执行标准、质量检验标志等各种信息是否齐全，并进行通电检查，查看产品是否可以正常工作。
2	购买灯具时详细地阅读标示，注意电力的最高负荷量及适用何种灯泡。
3	灯具的大小要结合室内的面积考虑。如 12m² 以下的小客厅宜采用直径 200mm 以下的吸顶灯或壁灯，以免显得过于拥挤。15m² 左右的客厅，宜采用直径为 300mm 左右的吸顶灯或吊灯，灯的直径最大不得超过 400mm。
4	外观上，灯具的塑料壳必须选阻燃型工程塑料，表面较光滑，有光泽，灯管形状和尺寸一致者较好。外观上还不能有裂缝、松动和接口间被撬过的痕迹。若商家有调压器最好，断电状态下先把调压器调到最低启动电压（如 150V）输出，装上一个冷态的灯，接通电源瞬间启动时闪烁少，灯管的根部不出现红光，一次性点燃者最好。

施工验收 TIPS

　　装吊灯前要确定该空间能容纳的高度，若空间不足需将吊灯锁链缩短，甚至只留灯体，就失去了装吊灯的意义。另外，如果是木作吊顶，要先告知木工师傅将来要装多重的吊灯灯具，以做预处理。另外，过重的吊灯最好不要直接锁在线盒上，要另外打膨胀螺丝加以固定，避免过重而掉落。

这样保养使用更持久

　　①大型的吊灯式水晶灯可以请厂商提供售后服务的专业人员清洁，其他小型的水晶灯用白手套轻轻擦拭即可，或喷洒清洁剂后以抹布擦干。在清洁时，要记得先关闭电源。

　　②玻璃灯罩或塑料灯罩可以直接拆卸以水清洗，如果表面有一层烤漆，平时以抹布擦拭灰尘即可。若表面是金属电镀材质，建议用凡士林涂上一层，以防氧化。

灯泡 照亮家居的好帮手

 建材快照

①LED灯泡和省电灯泡的发光性能较佳、省电，且绿色、环保。

②传统灯泡较耗电，而且不环保。

③灯泡作为照明基础设备，可以运用于各种风格的家居中，唯一要注意的是与灯罩的搭配。

④灯泡可以运用于家居中的各个空间，也是家居照明不可缺少的帮手。

⑤灯泡的价格从几块钱到上百元不等，可以根据家居装修档次及需求进行选择。

各类灯泡大比拼

参数	LED灯	CCFL冷阴极灯管	CFL&CFL-i灯泡
光效（lm/w）	70~80	58	55
寿命（hr）	5000	≥2000	6000~15000
色温（k）	2700~6500	2700/4600/6200	2700/6500
发热温度	低	低	高
耐点灭性	高	高	低
耐摔耐震	耐摔耐震	不耐摔不耐震	不耐摔不耐震
操作	一点就亮不闪烁	启动时不闪烁	启动时闪烁
价格（元）	20~320	60~90	40~130

不同家居空间有不同的亮度需求

客厅	最好 100W 以上，色温可选择较温暖不刺眼的光源。
餐厅	使用演色性高，色温较低的光源。演色性高可以令菜肴看起来更可口，低色温能营造温暖、愉悦的用餐氛围。
卧室	卧室照明以提供安适的氛围为主，因此黄光灯泡较适合；若选用床头灯，大多为轻微照明需求，灯泡选择 40 ~ 60W 即可。
厨房	建议使用色温为白光的灯泡，光线能更清楚，料理时不致发生危险。
卫浴	卫浴照明需经常开关，选择点灭性高的灯泡，60W 或更低的瓦数较适合。

选购小常识

1	灯泡的使用和空间大小、层高有很大关系，简单来说楼高 2.8 ~ 3m，以 $10w/m^2$ 作为灯泡瓦数的参考即可。
2	由于市面上灯泡品种繁多，每个品牌的色温不尽相同，建议同一空间中，使用同一品牌的灯泡，如此一来视觉感受光源的颜色与温度变化，差异不会太大。

这样保养使用更持久

①不同光源的灯泡，使用方式也不同。CFL 省电灯泡使用时，至少需要 3 分钟的预热，才能达到最佳光源效率，使用时尽量不要频繁的开关；相对来说，CCFL 冷阴极管与 LED 灯的耐点灭性高，若空间需要经常开关电源，建议使用 CCFL 或 LED 灯泡。

②若要提高灯泡的照明效率，应定期每半年清洁灯具一次，若灯具久未清洁，灯泡与反射罩、灯罩等逐渐累积的尘埃，会使输出效率降低。

③使用灯泡时，环境不通风会导致内部温度升高，缩短使用寿命。

④不要等灯泡坏了再更换，任何光源都有使用寿命，同时也会有光衰现象。建议在光源完全损坏之前进行更换，在提高室内照度的同时，也能节约用电。

施工验收 TIPS

①安装灯泡时，务必切断电源，确实将灯泡旋入灯座内，达到完全嵌合，并需检查是否牢固不易晃动，若有松动感则应马上调整。

②在安装前先观察灯座和灯帽是否有松动摇晃的情形，以免掉落造成危险。另外，还要检查灯泡极是否有变形的情况，若有，则应及时更换。

门窗是家居建筑结构的重要组成部分，

在设计上以安全、气密、隔音、节能为主，

而近年来，门窗脱离传统制式标准，

对材质的要求也更加严格，

令家居整体质感呈现出精致的艺术风格，

业主可以根据实际情况加以选择。

Chapter ❿
装饰门窗

防盗门

玻璃推拉门

气密窗

广角窗

实木门
保温隔热，为居室带来典雅、高档的氛围

 建材快照

①经实木加工后的成品实木门具有不变形、耐腐蚀、隔热保温、无裂纹等特点。此外，实木具有调温调湿的性能，吸声性好，从而有很好的吸音隔声作用。

②因所选用材料多是名贵木材，故价格上略贵。

③实木门可以为家居环境带来典雅、高档的氛围，因此十分适合欧式古典风格和中式古典风格的家居设计。

④实木门可以用于客厅、卧室、书房等家居中的主要空间。

⑤实木门的价格一般 ≥ 2500 元 / 樘，比较适合高档装修的家居。

实木门的颜色宜与室内色彩相协调

实木门的原料是天然树种，因此色彩和种类很多，在选择颜色时，宜与居室整体风格相匹配。当室内主色调为浅色系时，可挑选如白橡、桦木、混油等冷色系木门；当室内主色调为深色系时，可选择如柚木、沙比利、胡桃木等暖色系的木门。此外，实木门的色彩选择还应注意与家具、地面的色调要相近。除了颜色外，实木门的造型也应与居室装饰风格相一致。

樱桃木实木门用于古典欧式的家居风格中，更能凸显家居氛围的奢华感。

选购小常识

1	触摸感受实木门漆膜的丰满度。漆膜丰满说明油漆的质量好，对木材的封闭好；可以从门斜侧方的反光角度，看表面的漆膜是否平整，有无橘皮现象，有无突起的细小颗粒。
2	看实木门表面的平整度。如果实木门表面平整度不够，说明选用的是比较廉价的板材，环保性能也很难达标。
3	如果是实木门，表面的花纹会非常不规则，如门表面花纹光滑整齐漂亮，往往不是真正的实木门。
4	选购实木门要看门的厚度，可以用手轻敲门面，若声音均匀沉闷，则说明该门质量较好。一般，木门的实木比例越高，这扇门就越沉。

施工验收 TIPS

①门套：与门框的连接处，应严密、平整、无黑缝；门套对角线应准确，2m 以内允许公差 ≤ 1mm，2m 以上允许 ≤ 1.5mm；门套装好后，应三维水平垂直，垂直度允许公差 2mm，水平平直度公差允许 1mm；门套与墙体结合处应有固定螺钉，应 ≥ 3 个 /m；门套宽度在 200mm 以上应加装固定铁片；门套与墙之间的缝隙用发泡胶双面密封，发泡胶应涂匀，干后切割平整。

②门扇：安装后应平整、垂直，门扇与门套外露面相平；门扇开启无异响，开关灵活自如。门套与门扇间的缝隙，下缝为 6mm，其余三边为 2mm；所有缝隙允许公差 0.5mm。门套、门线与地面结合缝隙应 < 3mm，并用防水密封胶封合缝隙。

③整樘门安装完毕，应平整划一，开启自如灵活，整体效果良好，无划痕。

这样保养使用更持久

①室内空气湿度过大容易使实木门出现霉点、表面装饰材料脱落、金属配件锈化等问题，因此平时要注意通风和防潮。

②冬季空气内水分含量低，要防止实木门发生干裂、变形。可以在室内安装空气增湿器或者养几盆盆栽植物，调节空气湿度。

③在擦拭实木门表面污渍时，应尽量选用清水或中性化学护理液清洗，只需用软布蘸少许液体擦拭即可，否则会浸腐表面饰面材料，使表面饰面材料变色或剥离，影响美观。

实木复合门

拥有实木门的质感,价格略低

　　①实木复合门充分利用了各种材质的优良特性,避免采用成本较高的珍贵木材,有效地降低生产成本。除了良好的视觉效果外,还具有隔音、隔热、强度高、耐久性好等特点。

　　②实木复合门由于表面贴有密度板等材料,因此怕水且容易破损。

　　③实木复合门的造型、色彩多样,可以应用于任何家居风格。

　　④实木复合门较适合应用于客厅、餐厅、卧室、书房等家居空间。

　　⑤实木复合门比实木门的价格略低,一般 ≥ 1800 元 / 樘。

根据实木复合门的结构特征应用于不同风格的家居

　　实木复合门从内部结构上可分为平板结构和实木结构。实木结构的复合门线条立体感强、造型突出、厚重,属于传统工艺生产,做工精良,结构稳定,但造价偏高,适合欧式、新古典、新中式、乡村等多种经过时间沉淀后的经典家居风格。而平板门外型简洁、现代感强、材质选择范围广,色彩丰富、可塑性强,易清洁,价格适宜,但视觉冲击力偏弱。适合现代简约、前卫等自由、现代的风格,可为空间增加活力。平板门也可以通过镂铣塑造多变的古典式样,但线条的立体感较差,缺乏厚重感。

选购小常识

1	在选购实木复合门时,要注意查看门扇内的填充物是否饱满。
2	观看实木复合门边刨修的木条与内框连接是否牢固,装饰面板与门框黏结应牢固,无翘边和裂缝。
3	实木门板面应平整、洁净、无节疤、无虫眼,无裂纹及腐斑,木纹应清晰,纹理应美观。

实木复合门用于新欧式风格的家居中，色彩造型均与居室风格相吻合。

施工验收 TIPS

①在实木复合门的安装过程中，门套板与墙体间的缝隙一般会使用泡沫胶。这层泡沫胶不必打得严严实实将所有缝隙充满，只要虚实相间即可，一般需要5cm的间隙，以方便泡沫胶纵向膨胀及通风固化。由于泡沫胶有弹性和可塑性，如果填充过密则会把门套顶出去，与墙贴合不紧密，门套会呈弧形，影响门的闭合。

②实木复合门属于安装项目的一项，可以与洁具、橱柜等安装工程同步进行。木门安装在工程过半以后，一般都在大面积的施工项目完成以后，具体来说就是地砖、地板等都已铺装完成，且墙面的腻子已刮过两次，面漆已经刷过一次之后。

这样保养使用更持久

①尽量不要在实木复合门的门扇上悬挂过重的物品；避免锐物磕碰、划伤门扇；开启或关闭门扇时，不要用力过猛，不要撞击实木复合门。

②清除实木复合门表面污迹时，可用哈气打湿后，用软布擦拭，硬布很容易划伤表面。污迹太重时可使用中性清洗剂、牙膏或家具专用清洗剂去污后，立即擦拭干净。在清除木门上的灰尘时，除了用软布还可采用吸尘器进行清除。为保持木门表面光泽和使用寿命，可使用木制装修产品专用的养护液对其表面进行养护。

模压门 价格低，不易开裂、氧化

①模压门的价格低，却具有防潮、膨胀系数小、抗变形的特性，使用一段时间后，不会出现表面龟裂和氧化变色等现象。

②模压门的门板内为空心，隔音效果相对实木门较差；门身轻，没有手感，档次低。

③模压门比较适合现代风格和简约风格的家居。

④模压门广泛应用于家居中的客厅、餐厅、书房、卧室等空间。

⑤一般模压门连门套在内的价格为 750 ~ 800/ 樘，受到装修预算较低的家庭的青睐。

一看就懂的装修材料书

根据使用空间选择不同款式的模压门

模压门根据使用空间，可以选择不同的款式：如卧室门最重要的是考虑私密性和营造一种温馨的氛围，因而多采用透光性弱且坚实的门型，如造型优雅的模压门。书房门则应选择隔音效果好、透光性好、设计感强的门型，如配有甲骨文饰的磨砂玻璃或古式窗棂图案的模压门，能产生古朴典雅的书香韵致。卫浴的门主要注重私密性和防水性，除需选用材料独特的全实模压门外，也可选择设计时尚的经过全磨砂处理的半玻璃门型。

卧室中的模压门依照居住者喜好的色彩涂刷，其坚实的门型也令卧室更具隐秘性。

模压门可以满足业主的个性化需求

模压门是采用模压门面板制作的带有凹凸造型的或有木纹或无木纹的一种木质室内门。一般的模压木门在交货时都带中性的白色底漆，可以回家后在白色中性底漆上根据个人喜好再上色，满足个性化的需求。

白色的模压门应用于家居环境中，既简洁又大方。

选购小常识

1	选购模压门应注意，贴面板与框体连接应牢固，无翘边、无裂缝。内框横、竖龙骨排列符合设计要求，安装合页处应有横向龙骨。
2	模压门的板面应平整、洁净，无节疤、虫眼、裂纹及腐斑，木纹清晰、纹理美观。贴面板厚度不得低于3mm。

施工验收 TIPS

①模压门板与木方和填充物不得脱胶，横楞和上、下冒头应各钻两个以上的透气孔，透气孔应通畅。门框安装必须牢固，门套固定点的数量、位置及固定方法应符合设计要求。

②门扇必须安装牢固并应开关灵活、关闭严密，无倒翘、不自开门。门扇安装的留缝限值需注意框与扇、扇与扇接缝高低差≤2mm，门扇与上框间留缝1～2mm，门窗扇与侧框间留缝为内门为5～8mm，卫浴门为8～12mm。

这样保养使用更持久

①模压门板防水性和耐磨性优越于其他门板，但不耐高温，应尽量远离高温，如电暖气的安装与使用，应远离门的位置。

②日常清洗时用质地细密的绒毛布擦拭清洁，明显的污渍可用中性清洁剂或肥皂水轻轻涂抹，用干布擦拭干净即可，消除较顽固的污渍，可用去污粉和百洁布擦拭。

玻璃推拉门

透光性好、不占空间

①根据使用玻璃品种的不同，玻璃推拉门可以起到分隔空间、遮挡视线、适当隔音、增加私密性、增加空间使用弹性等作用。

②玻璃推拉门的缺点为通风性及密封性相对较弱。

③玻璃推拉门在现代风格的空间中较常见。另外，市面上的玻璃推拉门框架有铝合金及木制的，可根据室内风格搭配选择。

④玻璃推拉门常用于阳台、厨房、卫浴、壁橱等家居空间中。

⑤玻璃推拉门的价格一般 ≥ 200 元 /m²，材料越好、越复杂的越贵。

172

一看就懂的装修材料书

滑动式玻璃拉门是节约空间的好帮手

在推拉门的设计中，滑动式拉门无疑是节约空间的最佳帮手。这种拉门仅需要一个滑动轨道便可成形，使用起来非常便捷，同时还具有较高的密闭性，用于厨房，可以有效地防止油烟外泄；用于卫浴，则能防止水花外溅；用于卧室则能很好地进行隔音，是非常实用的分隔设计。

厨房与客厅之间用滑动门进行分隔，设计手法简单而实用。

玻璃推门与黑纱的结合将书房分隔成一个独立空间，在灯光的映衬下令这个空间越发迷人。

玻璃拉门将卫浴从卧室中分隔出来，打造出了隔而不断的空间感。

选购小常识

1	检查密封性。目前市场上有些品牌的推拉门底轮是外置式的，因此两扇门滑动时就要留出底轮的位置，这样会使门与门之间的缝隙非常大，密封性无法达到规定的标准。
2	看轮底质量。只有具备超大承重能力的底轮才能保证良好的滑动效果和超常的使用寿命。承重能力较小的底轮一般只适合做一些尺寸较小且门板较薄的推拉门，进口优质品牌的底轮，具有180kg承重能力及内置的轴承，适合制作各种尺寸的滑动门，同时具备底轮的特别防震装置，可使底轮能够应对各种状况的地面。

施工验收 TIPS

　　正常门的黄金尺寸是80cm×200cm，在这种结构下，门是相对稳定的。如果在高于200cm的高度，甚至更高的情况下做推拉门，则最好在面积保持不变的前提下，将门的宽度缩窄或多做几扇推拉门，保持门的稳定和使用安全性。

这样保养使用更持久

　　玻璃推拉门在日常清洁时用干的纯棉抹布擦拭即可。若用水清洁，则应该尽量拧干抹布，以免表面产生水渍，影响美观。

防盗门 防盗、隔音性能要好

 建材快照

①防盗门具有防火、隔音、防盗、防风、美观等优点。

②防盗门一般用于从室外进入室内的第一道门，任何家居风格均适用。

③防盗门根据材质的不同，价格从百元到千元不等，可根据实际需求进行购买。

选购小常识

1	防盗门安全等级分为 A、B、C 三级。C 级防盗性能最高，B 级其次，A 级最低，市面上多为 A 级，普遍适用于一般家庭。A 级要求：全钢质、平开全封闭式，在普通机械手工工具与便携式电动工具相互配合作用下，其最薄弱环节能够抵抗非正常开启的净时间 ≥ 15 分钟。
2	防盗门的材质目前较普遍用不锈钢，选购时主要看两点：牌号，现流行的不锈钢防盗门材质以牌号 302、304 为主；钢板厚度，门框钢板厚度不小于 2cm，门扇前后面钢板厚度一般有 0.8 ~ 1cm，门扇内部设有骨架和加强板。
3	锁具合格的防盗门一般采用三方位锁具或五方位锁具，不仅门锁可以锁定，上下横杆都可插入锁定，对门加以固定。大多数门在门框上还嵌有橡胶密封条，关闭门时不会发出刺耳的金属碰撞声。要注意是否采用经公安部门检测合格的防盗专用锁，在锁具处应有 3mm 以上厚度的钢板进行保护。
4	注意看有无开焊、未焊、漏焊等缺陷，看门扇与门框配合处的所有接头是否密实，间隙是否均匀一致，开启是否灵活，油漆电镀是否均匀、牢固、光滑等。
5	安装好防盗门后要检查钥匙、保险单、发票、售后服务单等配件和资料与防盗门生产厂家提供的配件和资料等是否一致。

各类防盗门大比拼

分类	优点	缺点
不锈钢防盗门	具有色泽持久鲜艳、永不生锈的特点，坚固耐用，安全性更强。	多是银白色，外观及色彩有些单调，令人感觉较为生硬。
铁、钢质防盗门	这种中低档防盗门开发最早，应用面也最广，使用时间较长。	容易被腐蚀，会出现生锈、掉色现象，造型线条生硬。
铝合金防盗门	材质硬度较高且色泽艳丽，加上图案纹饰等，透出富丽堂皇的豪华气质。另外，铝合金防盗门不易受腐蚀和褪色。	有些铝合金防盗门的合页是用拉钉的，不能拆卸，开关门时有摩擦声音和金属响声等。

施工验收 TIPS

①先测量门洞尺寸，根据楼道确定开启方向。门洞尺寸应大于所安装门的尺寸，并留有一定的余隙（1.5～3cm），方便安装时调试校正。

②安装时把防盗门放进门洞，四周用木栓塞紧，并校正水平和垂直度，调试后使门扇开启灵活，然后打开门扇，用电锤通过门框安装孔钻好安装孔，逐个用膨胀栓紧固好。膨胀栓钻进墙壁的深度要≥5cm，冲击电锤的钻头需和膨胀栓尺寸符合。

这样保养使用更持久

①防盗门表面的防护薄膜，在安装后1个月内必须撕掉，如有太阳光照射到的门要立即撕掉，不然会对门板表面的油漆造成损伤。

②平时可在合页、锁点等开启运动处滴上机油以维护保养。锁芯禁用植物油、润滑油等滴入，如果开启不灵活可撒少许铅笔芯粉末。检查锁孔、上下连接锁点和门框锁孔是否有锈蚀现象，如有锈迹现象，可滴几滴机油在上、下连接锁点及锁孔等处，多次开启后即可。

③防盗门漆面应注意防止硬物、利器划伤，清洁时用清水滴入洗洁精，将湿毛巾拧干擦洗即可，禁用汽油、香蕉水等进行清洁。

百叶窗 透光又能保证隐私性

①百叶窗可完全收起，使窗外景色一览无余，既能够透光又能够保证室内的隐私性，开合方便，很适合大面积的窗户。

②百叶窗的叶片较多，不太容易清洗。

③百叶窗被广泛应用于乡村风格、古典风格和北欧风格的家居设计中。

④百叶窗在家居中的客厅、餐厅、卧室、书房和卫浴等空间的运用广泛。

⑤百叶窗的价格为 1000 ~ 4000 元 /m^2，适合中等装修的家居使用。

根据室内环境选择合适的百叶窗

百叶窗区别于百叶帘，相对较宽。百叶窗的运用需要结合室内环境，选择搭配协调的款式和材质。如果百叶窗用来作为落地窗或者隔断，一般建议使用折叠百叶窗；如果作为分隔厨房与客厅空间的小窗户，建议使用平开式；如果是在卫浴用来遮挡视线，则可选择推拉式百叶窗。另外，塑料百叶窗韧性较好，但是光泽度和亮度都比较差；塑铝百叶窗易变色，但是却不褪色、不变形、隔热效果好、隐蔽性好。厨房、卫浴等较阴暗和潮湿的小房间比较适合塑料百叶窗，而客厅、卧室等大房间则比较适合塑铝百叶窗。

简约风格的卧室选择白色百叶窗，与居室环境相匹配，也为居室带来了良好的采光。

百叶窗比起普通的窗户能够阻隔一定的视线，起到保护隐私的作用。

选购小常识

1	选购百叶窗时，最好先触摸一下百叶窗棂片是否平滑均匀，看看每一个叶片是否起毛边。一般来说，质量优良的百叶窗在叶片细节方面处理得较好，若质感较好，那么它的使用寿命也会较长。
2	看百叶窗的平整度与均匀度、看看各个叶片之间的缝隙是否一致，叶片是否存在掉色、脱色或明显的色差（两面都要仔细查看）。

施工验收 TIPS

①百叶窗有暗装和明装两种安装方式。暗装在窗棂格中的百叶窗，其长度应与窗户高度相同，宽度却要比窗户左右各缩小 1～2cm。若明装，则长度应比窗户高度长 10cm 左右，宽度比窗户两边各宽 5cm 左右，以保证其具有良好的遮光效果。

②安装时确认每片百叶窗的叶片角度调整都没有问题，叶片表面平滑无损伤；不论是对开窗、折叠窗或推拉窗型，都要确认开启是否顺畅；若有轨道，则检视水平度及五金零件是否齐备。

这样保养使用更持久

百叶窗平时的保养可以用柔软的干布、掸子擦拭灰尘，若要进一步清洁则可以用湿布拧干后再擦拭。

气密窗 隔音效果佳

①气密窗有三大功能，水密性、气密性及强度。水密性是指能防止雨水侵入，气密性与隔音有直接的关系，气密性越高，隔音效果越好。

②气密窗应用时应注意室内空气流动，避免通风不良。

③气密窗在家居中应用广泛，适合任何风格的家居环境。

④气密窗可以应用于家居中的客厅、餐厅、厨房、卫浴、阳台等空间，尤其适合儿童房。

⑤气密窗的价格为 1000～2000 元 /m²，但有些进口品牌的价格可达 4000 元 /m²。

选购小常识

1	气密窗品质的好坏，难用肉眼观察评测，最好按照气密性、水密性、耐风压及隔音性等指标进行选购。
2	测量在一定面积单位内，空气渗入或溢出的量。CNS 规范之最高等级 2 以下，即能有效隔音。
3	测试防止雨水渗透的性能，共分为 4 个等级，CNS 规范之最高标准值为 490.3N/m²，最好选择 343.2N/m² 以上，以更从容地应对风雨侵袭。
4	耐风压性指其所能承受风的荷载能力，共分 5 个等级，3530.4N/m² 为最高等级。
5	隔音性能与气密性有很大关系，气密性佳则隔音性相对较好。好的隔音效果，至少需要阻隔噪音 25～35dB。

各类气密窗大比拼

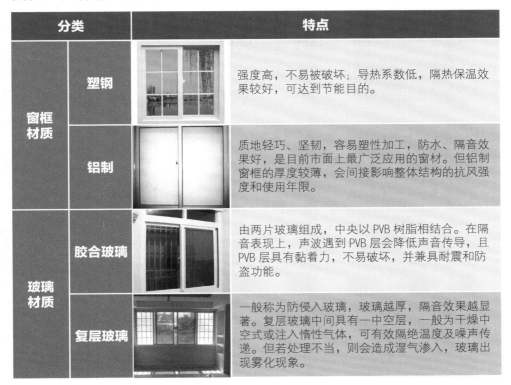

分类		特点
窗框材质	塑钢	强度高，不易被破坏；导热系数低，隔热保温效果较好，可达到节能目的。
	铝制	质地轻巧、坚韧，容易塑性加工，防水、隔音效果好，是目前市面上最广泛应用的窗材。但铝制窗框的厚度较薄，会间接影响整体结构的抗风强度和使用年限。
玻璃材质	胶合玻璃	由两片玻璃组成，中央以 PVB 树脂相结合。在隔音表现上，声波遇到 PVB 层会降低声音传导，且 PVB 层具有黏着力，不易破坏，并兼具耐震和防盗功能。
	复层玻璃	一般称为防侵入玻璃，玻璃越厚，隔音效果越显著。复层玻璃中间具有一中空层，一般为干燥中空式或注入惰性气体，可有效隔绝温度及噪声传递。但若处理不当，则会造成湿气渗入，玻璃出现雾化现象。

施工验收 TIPS

①气密窗送达施工现场时，首先要检查窗框是否正常、有无变形弯曲现象，避免影响安装品质。安装时应在墙上标出水平线和垂直线，以此为定位基准，不同窗框的上下左右应对应。安装完成后以水泥填缝，窗框四周应做防水处理，确认无任何缝隙，以免日后产生漏水问题。

②安装气密窗时应检验窗户定位是否正确，左右水平且没有前倾、后仰等变形问题；安装后应确保窗户牢固不晃动，并确认窗户开关好推、顺手，且气密性佳。

这样保养使用更持久

平时用软布以清水擦拭即可，不要使用腐蚀性清洁溶剂；窗勾缝可用小毛刷或毛笔清扫；在锁头、轨道及窗轴部分，感到开关干涩不顺时，可滴一滴润滑油，维持顺滑度。

广角窗 有效扩大居室面积

①广角窗的造型多样，且具有扩展视野角度、采光良好的优点。

②广角窗的缺点为所占空间较大。

③广角窗的应用范围广泛，适用于各种风格的家居。

④广角窗在家居设计中，通常用于客厅、卧室、书房等空间。

⑤目前广角窗连工带料的价格为 1200 ～ 2000 元 /m²，若玻璃经过特殊处理，则价格更高。但如今室内空间寸土寸金，做一个广角窗，可以增加不小的使用空间，相对划算。

造型多变的广角窗可增加室内空间

圆弧形广角窗令空间更显生动、活泼，休闲沙发的加入为居室创造出一处轻松的休闲区。

广角窗的造型很多，三角形、六角形、八角形及圆形都很常见，可根据自身需求现场测量设计。广角窗的大小和形式，都可以依照需求定做，增广视线并增加使用面积。广角窗在室外的部分比传统窗户至少可多做出 30cm，稍加修饰，就可以变身为小阳台；也可以当做休闲区，不但增加使用空间，更增添了生活情趣。

卧室利用广角窗设计，引入了大片窗景，再摆放上几盆绿植，令居室更显清新雅致。

选购小常识

1	广角窗的窗材应选择防水、防锈的材质。选购时可请商家出示完整的测试报告。
2	广角窗能为居家带来良好的视野，但若玻璃雾化则会影响采光。建议购买时请商家开立不结露保固，目前市面上最高保固为 15 年。

施工验收 TIPS

①广角窗的上下盖以斜切角与墙面接合，外观看不到支架，但其实内部由角钢作为承重支撑，约每 30cm 嵌入一根角钢，以确保窗户的稳固性与载重能力。

②由于广角窗的转角柱体较容易渗水，因此在施工时需将顶端处预先密封后再施工。另外，窗体安装时，需注意垂直和水平，并确认无前倾和后仰。

③广角窗施工完成后，验收时需应确认上下盖为一体成型、窗体组接处无缝隙，并且牢固不晃动、窗户开关好推顺手。

这样保养使用更持久

广角窗和一般窗户的清洁保养方式相同。平时随手清理窗户勾缝的灰尘，定期检视窗锁和窗轴是否有损坏即可。若有开启不顺的情形，则可以点几滴润滑油使其顺畅。

五金件是指

用金、银、铜、铁、锡等金属,

通过加工、铸造得到的工具,

用来固定、加工、装饰家居物件等。

家居装修中用到的五金件很多,

因此了解其特性和用法尤为重要。

Chapter 11

常用五金配件

门把手

门锁

门吸

门锁 保障家居安全

 建材快照

①门锁是用来把门锁住，以防止他人打开这个门的设备，可以为家居提供安全保障。

②根据门锁的功能差异，有些锁具安全系数较低，不适合户外门。

③门锁作为家居装修中的基础材料，可以应用于各种风格的家居中。

④家居中只要带门的空间，都需要门锁，入户门锁常用户外锁，是家里家外的分水岭；通道锁起着门拉手的作用，没有保险功能，适用于厨房、过道、客厅、餐厅及儿童房；浴室锁的特点是在里面能锁住，在门外用钥匙才能打开，适用于卫浴。

⑤门锁的价格差异较大，低端锁的价格为 30 ~ 50 元 / 个，较好一些的门锁价格可达上百元，可以根据实际需求进行选购。

选购小常识

1	选择有质量保证的生产厂家生产的品牌锁，注意看门锁的锁体表面是否光洁，有无表面可见的缺陷。
2	注意选购和门同样开启方向的锁，可将钥匙插入锁芯孔开启门锁，测试是否畅顺、灵活。
3	注意家门边框的宽窄，安装球形锁和执手锁的门边框不能小于 90cm。同时旋转门锁执手、旋钮，看其开启是否灵活。
4	一般门锁适用门厚为 35 ~ 45mm，但有些门锁可延长至 50mm，应查看门锁的锁舌，伸出的长度不能过短。
5	部分执手锁有左右手分别。在门外侧面对门时，门铰链在右手处，即为右手门；在左手处，即为左手门。

各类门锁大比拼

分类		特点	材质	应用范围
球形门锁		门锁的把手为球形，制作工艺相对简单，造价低。	材质主要为铁、不锈钢和铜。铁用于产品内里结构，外壳多用不锈钢，锁芯多用铜。	可安装在木门、钢门、铝合金门及塑料门上，一般用于室内门。
三杆式执手锁		门锁的把手造型简单、实用，制作工艺相对简单，造价低。	材质主要为铁、不锈钢、铜、锌合金。铁用于产品内里结构，外壳多用不锈钢，锁芯多用铜，锁把手为锌合金材质。	一般用于室内门门锁。尤其方便儿童、年长者使用。
插芯执手锁		此锁分为分体锁和连体锁，品相多样。	产品材质较多，有锌合金、不锈钢和铜等。	产品安全性较好，常用于入户门和房间门。
玻璃门锁		表面处理多为拉丝或者镜面，美感大方，具有时尚感。	采用高强度结构钢、锌合金压铸或不锈钢制成，克服了铁、锌合金易生锈、老化、钢性不足的缺点。	常用于带有玻璃的门，如卫浴门、橱窗门等。

施工验收 TIPS

①应在门扇上好油漆并干透后再安装锁具，因为有些油漆对门锁表面有破坏作用。

②安装门锁前先确认门的开合方向与锁具是否一致，以及确定门锁在门上的安装高度（通常门锁离地面高度约为1m），取出门锁安装说明书仔细阅读清楚后，准备安装工具。取出门锁安装开孔纸规，贴在门上定出开孔位置及大小，使用相应的工具在门上开出安装孔，按示意图的顺序，将门锁安装在门上，并调试至顺畅。

这样保养使用更持久

①清洁门锁表面时，要使用清水或中性清洁剂，用软布擦拭，不可用腐蚀性清洗剂或刚性清洁物。

②不要随便使用润滑剂，有些业主在门锁出现发涩或发紧时，往往喜欢向锁眼里滴一些润滑油。虽然这样做，门锁很快即可顺滑，但油易粘灰，锁眼里会慢慢积存灰尘，形成油腻子，反而使门锁更容易出现故障。正确的解决办法为削一些铅笔碎末或一些蜡烛碎末，通过细管吹入锁芯内部，然后插入钥匙反复转动数次即可。

③建议半年检查保养一次门锁，包括加固螺钉及擦拭一些平常不接触的位置，转动位置加入适量的铅笔粉或石墨粉于锁芯插槽，以保证钥匙的畅顺插拔；同时检查锁体与锁扣板的配合间隙，门与门框的间隙以1.5～2.5mm为佳，如有变化需适当调整。

门把手 体现装饰的细节品位

①门把手兼具美观性和功能性，可以美化家居环境，也能提升隔音效果。

②有些塑料材质的门把手使用年限较短。

③门把手的风格很多，可以根据其造型特点应用于不同风格的家居中。

④门把手为家居中的基础材料，可以广泛地应用在家居中的门上。

⑤市面上的高档门把手大都为进口产品，以德国进口为主，根据型号和款式等的不同，价格为 600 ～ 3000 元 / 个，也有 6000 ～ 8000 元 / 个，甚至上万元的豪华型；中档门把手以合资或中国台湾地区及广东地区生产为主，价格为 300 ～ 600 元 / 个；低档的门把手价格在 100 元以下，一般为 60 ～ 90 元 / 个，以浙江生产为主。也有二三十元的便宜门把手，用料及做工都很粗糙。

使用空间不同，选择门把手的侧重点也不同

空间不同，门把手的选择也不同，可以从使用部位的功能性来选择。例如，入户门一定要使用结实、保险，有公安部认证的门把手，而室内门则更注重门把手的美观、方便。其中卧室门、客厅门不常关，也不常上锁，可买开关次数保证少的，而卫浴门锁的开关和上锁频率较高，因此要买质量好、开关次数保证高的门把手。除此之外，挑选门把手还不能忽视健康因素。比如，卫浴适合装铜把手，不锈钢的门把手看起来虽然干净，但实际上会滋生成千上万的病菌，黄铜门把手上的细菌比不锈钢门把手上的要少得多，因为铜有消灭细菌的作用。

客厅门把手与居室风格匹配，起到了一定的装饰作用。

各类门把手大比拼

分类		特点	元 / 个
圆头门把手		旋转式开门，价格最便宜，容易坏，不适合用于入户大门。	≥ 60
水平门把手		下压式开门，此类门把手的造型比较多，价格因造型的复杂程度而有所不同。	≥ 260
推拉型门把手		向外平拉开门，带有内嵌式铰链，国内生产的价格较低，进口的较贵。	≥ 100

选购小常识

1	选购时主要看门把手的外观是否有缺陷、电镀光泽如何、手感是否光滑等。
2	门把手应能承受较大的拉力，一般应 > 6kg。
3	高档进口门把手有全套进口和进口配件国内组装之分，价格不同，购买时应注意区分。若为进口的，应能出具进关单，没有则多数为组装。
4	纯铜的门把手不一定比不锈钢的贵，要看工艺的复杂程度；而塑料门把手再漂亮也不要买，其强度不够，断裂就无法开门。
5	注意门把手有没有质量保证书，一般应有 5 年保修期。

施工验收 TIPS

　　不管是内部门把手还外部门把手，当其脱落后都需要将整个门锁拆卸再安装。首先将门侧面的三颗螺钉拧下来，上下两颗是固定锁体的，中间一颗主要用来定位把手。然后将门内侧的两个螺钉取下来，同时用手扶住外侧门把手，以免脱落摔坏。将外部门把手及盖板拆下来，注意盖板螺钉不要脱落丢失。将内部把手装上，并旋转螺钉孔至外侧，然后用螺丝刀拧紧，即可固定好门把手。将各部位安装后，用手多扳动几次把手，看是否正常、是否牢固灵活。如不能正常使用，则需要检查是否安装到位或者锁体有所损坏。

这样保养使用更持久

　　门把手平时用清水清洁即可，门锁或铰链若有异声或者使用时干涩不顺，可滴一点润滑油，以维持顺畅度。

门吸 固定门扇、保护墙面

①门吸的主要作用是用于门的制动，防止其与墙体、家具发生碰撞而产生破坏，同时可以防止门被大的对流空气吹动而对门造成伤害。

②门吸根据家居设计的需要，可以应用于各种风格的家居空间中。

③门吸作为家居建材基本材料，可以应用于装有门的各个空间。

④门吸的价格便宜，一般≥5元/个。

"墙吸""地吸"应根据需求来选择

门吸是安装在门后面的一种小五金件。在门打开以后，通过门吸的磁性把门稳定住，防止门被风吹后自动关闭，同时也防止在开门时用力过大而损坏墙体。常用的门吸又叫作"墙吸"。目前市场还流行的一种门吸，称为"地吸"，其平时与地面处于同一个平面，打扫起来很方便；当关门的时候，门上的部分带有磁铁，会把地吸上的铁片吸起来，及时阻止门撞到墙上。

安装于地面的门吸

安装于墙面的门吸

188

一看就懂的装修材料书

	选购小常识
1	选择品牌产品。品牌产品从选材、设计到加工、质检都足够严格,生产的产品能够保证质量且有完善的售后服务,这是十分必要的。
2	门吸最好选择不锈钢材质,具有坚固耐用、不易变形的特点。质量不好的门吸容易断裂,购买时可以使劲掰一下,如果会发生形变,就不要购买。
3	选购门吸产品时,应尽量购买造型敦实、工艺精细、减震韧性较高的产品。
4	考虑适用度。比如,计划安在墙上,就要考虑门吸上方有无暖气、储物柜等有一定厚度的物品,若有则应装在地上。

施工验收 TIPS

①先要确认门吸的安装方式,是安装在地面上,还是安装在墙面上。

②量尺寸是关键,预留合适的门后空间;并将门打开至需要的最大位置,测试门吸作用是否合理,门吸在门上的距离是否合适,角度是否合理。其中两点成直线,是确认门吸和开门的角度最好的方式。

③用铅笔在地砖上画线确认门的位置,以及确认门开的最大位置,最终确认门吸的最后安装位置。

④门吸分为固定端和门端,固定端需要在安装前将螺钉拧紧,然后用附送的内络角扳手将其固定旋紧在地面或者墙上。

⑤安装在门上的门端只要用螺钉拧紧即可,最重要的是门端的定位,方法是先将门打开至最大,然后找到固定端与门接触的准确位置,用螺钉拧紧门吸门端。

⑥门吸安装的最后一步是微调,调整门吸的角度,使之和门端门吸充分贴合,最后彻底拧紧螺钉。

这样保养使用更持久

清洁时尽量不要弄湿金属镀件,先用软布或干棉纱除灰尘,再用干布擦拭,保持干燥。另外,不可使用有颜色的清洁剂或用力破坏表面层。

开关、插座

接通、断开电路的小工具

 建材快照

①开关和插座是用来接通和断开电路中电流的电子元件，有时为了美观还具有装饰的功能。

②开关和插座为家居中的基础材料，任何家居风格均适用。

③开关和插座在居室空间中有较多运用，因为每个空间都免不了连通电路。

④开关和插座的价格通常为 5 ~ 50 元 / 个。

各类插座大比拼

分类	特点
86 型开关插座	86 型开关插座正面一般为 86mm×86mm 正方形（个别产品因外观设计，大小稍有变化）。在 86 型开关基础上，又派生了 146 型（146mm×86mm）和多位联体安装的开关插座。
120 型开关插座	120 型开关插座源于日本，目前在中国台湾和浙江省最为常见。其正面为 120mm×74mm，呈竖直状的长方形。在 120 型基础上，派生了 120mm×120mm 大面板，以组合更多的功能件。
118 型开关插座	118 型开关插座是 120 型标准进入中国后，国内厂家在仿制的基础上按中国人习惯进行变化而产生的。其正面也为 120mm×74mm，但横置安装。目前 118 型开关在湖北、重庆等地最多见。118 型基础上，还有 156mm×74mm，200mm×74mm 两种长板配置，供在需集中控制取电位置安置更多的功能件。

各类开关大比拼

分类	特点	应用实例
单控开关	在家庭电路中最为常见，由一个开关控制一件或多件电器，根据所联电器的数量又可以分为单控单联、单控双联、单控三联、单控四联等多种形式．	如厨房使用单控单联的开关，一个开关控制一组照明灯光；而在客厅可能会安装三个射灯，那么可以用一个单控三联的开关来控制。
双控开关	即两个开关同时控制一件或多件电器，根据所联电器的数量还可以分双联单开、双联双开等多种形式。	如卧室顶灯，一般在进门处有一个开关控制；如果床头再接一个开关同时控制这个顶灯，那么进门时可以用门旁的开关打开灯，关灯时直接用床头的开关即可，不必再下床去关。
转换开关	一种可供两路或两路以上电源或负载转换用的开关电器，由多节触头组合而成。	如客厅顶灯，一般灯泡数量较多，全部打开太浪费电。可以装上一个转换开关：按一下开关，只有一半灯亮；再按一下，只有另一半灯亮；再按一下，全部灯亮。这样，来客人或需要时可以全亮，平常亮一半即可，很方便。
延时开关	为了节约电力资源而开发的一种新型的自动延时电子开关，有触摸延时开关、声光控延时开关等。只要用手摸一下开关的触摸片或给予声音信号就自动照明。当人离开 30 ~ 75 秒后自动关闭。	如卫浴里经常将灯和排气扇合用一个开关，这样会带来不便，如关上灯，排气扇也跟着关上，浊气却还没排完。除了装个转换开关可以解决问题外，还可以装延时开关，即关上灯，排气扇还会再转 3 分钟才关上，很实用。

解疑 安全插座是如何实现"安全"的？

　　现在市场出售的安全插座的孔内有挡片，可防止手指或者其他物品插入，用插头可以推开挡片插入。这样就有效防止了使用中（特别是儿童）的触电危险。

1	品质好的开关大多使用防弹胶等高级材料制成，防火性能、防潮性能、防撞击性能等都较高，表面光滑。
2	好的开关插座的面板要求无气泡、无划痕、无污迹。
3	开关拨动的手感轻巧而不紧涩，插座的插孔需装有保护门，插头插拔应需要一定的力度并且单脚无法插入。
4	铜片是开关插座最重要的部分，应具有相当的重量。在购买时可掂量一下单个开关插座，如果手感较轻则可能是合金的或者薄的铜片，那么品质就很难保证。
5	开关的质量不仅关乎电器的正常使用，甚至还影响着生活、工作的安全。低档的开关插座使用时间短，需经常更换。而知名品牌会向业主进行有效承诺，如"质保12年""可连续开关10000次"等，所以建议业主购买知名品牌的开关插座。
6	注意开关、插座的底座上的标识。例如，国家强制性产品认证（CCC）、额定电流电压值，产品生产型号、日期等。

施工验收 TIPS

①**安装前的开关、插座清理：**用整子轻轻地将盒子内残存的灰块剔掉，同时将其他杂物一并清出盒外，再用湿布将盒内灰尘擦净。如果导线上有污物也应一起清理干净。

②**安装时的开关、插座接线：**先将开关盒内连出的导线留出维修长度（15～20cm），再削去绝缘层，注意不要碰伤线芯。如开关、插座内为接线柱，将线芯导线按顺时针方向盘绕在开关、插座对应的接线柱上，然后旋紧压头；如开关、插座内为接线端子，将线芯折回头插入接线端子内（孔径允许压双线时），再用顶丝将其压紧，注意线芯不得外露。

③**开关、插座通电试运行：**开关和插座安装完毕，送电试运行前应再摇测一次线路的绝缘电阻并做好记录。各支路的绝缘电阻摇测合格后即可通电试运行，通电后仔细检查和巡视，检查漏电开关是否掉闸，插座接线是否正确。检查插座时，最好用验电器逐个检查。如有问题应断电后及时进行修复，并做好记录。

开关安装规定	插座安装规定
1.拉线开关距地面的高度一般为2～3m,距门口为1.5～2m;且拉线的出口应向下,并列安装的拉线开关相邻间距不应小于20mm; 2.扳把开关距地面的高度为1.4m,距门口1.5～2m,开关不得置于单扇门后; 3.成排安装的开关高度应一致,高低差不大于2mm。	1.在儿童活动场所应采用安全插座,采用普通插座时,其安装高度不应低于1.8 m; 2.同一室内安装的插座高低差不应大于5mm,成排安装的插座高低差不大于2mm。

暗装开关、插座	明装开关、插座
1.按接线要求,将开关盒内连出的导线与开关、插座的面板连接好; 2.将开关或插座推入盒内(如果盒子较深,应加装套盒),对正盒眼,用螺钉固定牢固; 3.固定时要使面板端正,并与墙面平齐,面板安装孔上有装饰帽的应一并装好。	1.先将从开关盒内连出的导线由塑料(木)台的出线孔中穿出,再将塑料(木)台紧贴于墙面用螺钉固定在盒子或木砖上; 2.如果是明配线,木台上的隐线槽应先右对导线方向,再用螺钉固定牢固; 3.塑料(木)台固定后,将甩出的相线、中性线、保护地线按各自的位置从开关、插座的线孔中穿出,按接线要求将导线压牢; 4.将开关或插座贴于塑料(木)台上,对中找正,用木螺钉固定牢,最后再把开关、插座的盖板上好。

这样保养使用更持久

①开关插座表面保护:想要开关插座更加耐用,可以在周围加上一些装饰来保护,一些特殊的空间更加需要这种保护,如卫浴、厨房。开关插座上加上面盖,防止水汽和油污影响开关插座表面,也是保障用电安全的一项重要措施。

②插座使用讲顺序:带开关的插座使用应注意顺序,正确的使用方法应该是,先插入插头再打开开关;同理,拔出的插头的顺序是,先关闭开关再拔掉插头。这样可以避免插头与插座内通电铜片摩擦时引起的火花,减少铜片磨损。

③减少不必要的开关:尽量避免开关反复的开与关。这样不仅会增加用电量,还会使开关寿命降低,在开与关的过程中,开关的操作部件会出现磨损。想要延长开关的使用寿命,从减少一些没必要的开关动作做起。

厨卫是厨房和卫浴的简称。

现代厨卫产品包含整体橱柜、

浴室柜、集成灶具等厨房卫浴相关用品。

相比传统的厨房和卫浴概念，

现代厨卫有着功能齐全、适用、

美观大方等特点，

是现代家居装修不可缺少的组成部分。

Chapter 12
厨卫设备

灶具

水槽

整体橱柜

浴缸

整体橱柜

随手收纳、超省力

一看就懂的装修材料书

整体橱柜的构成

柜体	按空间构成包括装饰柜、半高柜、高柜和台上柜；按材料组成又可以分成实木橱柜、烤漆橱柜、模压板橱柜等。
台面	包括人造石台面、石英石台面、不锈钢台面、美耐板台面等。
橱柜五金配件	包含门铰、导轨、拉手、吊码，其他整体橱柜布局配件、点缀配件等。
功用配件	包含水槽（人造石水槽和不锈钢水槽）、龙头、上下水器、各种拉篮、拉架、置物架、米箱、垃圾桶等整体橱柜配件。
电器	包含抽油烟机、消毒柜、冰箱、炉灶、烤箱、微波炉、洗碗机等。
灯具	包含层板灯、顶板灯，各种内置、外置式橱柜专用灯。
饰件	包含外置隔板、顶板、顶线、顶封板、布景饰等。

各类柜面材料大比拼

分类		特点	元 / 延米
实木橱柜		具有温暖的原木质感、纹理自然，名贵树种有升值潜力，天然环保、坚固耐用。但养护麻烦，价格较昂贵，对使用环境的温度和湿度有要求。	≥ 4000
烤漆橱柜		色泽鲜艳、易于造型，有很强的视觉冲击力，且防水性能极佳，抗污能力强，易清理。由于工艺水平要求高，所以价格高；怕磕碰和划痕，一旦出现损坏较难修补，用于油烟较多的厨房易出现色差。	≥ 2000
模压板橱柜		色彩丰富，木纹逼真，单色色度纯艳，不开裂、不变形。不需要封边，解决了封边时间长后可能会开胶的问题。但不能长时间接触或靠近高温物体，同时设计主体不能太长、太大，否则容易变形，烟头的温度会灼伤板材表面薄膜。	≥ 1200

各类台面材料大比拼

分类		特点	元 /m²
人造石台面		最常见的台面，表面光滑细腻，有类似天然石材的质感；表面无孔隙，抗污力强，可任意长度无缝粘接，使用年限长，表面磨损后可抛光。	≥ 270
石英石台面		硬度很高，耐磨不怕刮划，耐热好，并且抗菌，经久耐用，不易断裂，抗污染性强，不易渗透污渍，可以在上面直接斩切；缺点是有拼缝。	≥ 350
不锈钢台面		抗菌再生能力最强，环保无辐射，坚固、易清洗、实用性较强；但台面各转角部位和结合处缺乏合理、有效的处理手段，不太适用于管道多的厨房。	≥ 200
美耐板台面		可选花色多，仿木纹自然、舒适；易清理，可避免伤痕、刮花的问题；价格经济实惠，如有损坏可全部换新；缺点为转角处会有接痕和缝隙。	≥ 200

整体橱柜令厨房变得井然有序

　　美观而又实用的整体橱柜可谓是厨房中的首席代表，特别是它分门别类的收纳功能，能让厨房里零碎的东西各就其位，使厨房变得井然有序。整体橱柜的储藏量主要由吊柜、立柜和地柜的容量来决定。其中吊柜位于橱柜最上层，一般可以将重量相对较轻的碗碟和锅具或者其他易碎的物品放在这里；立柜一般可以作为储藏柜来运用，既节约空间，又使厨房显得整齐利落；而地柜位于橱柜最底层，较重的锅具或厨具放在这里最合适不过。

整体橱柜的收纳功能十分强大，可以将厨房中杯盘盆盏等物合理地归类摆放。

一看就懂的装修材料书

选购小常识	
1	尺寸要精确。大型专业化企业用电子开料锯通过电脑输入加工尺寸，开出的板尺寸精度非常高，板边不存在崩茬现象；而手工作坊型小厂用小型手动开料锯，简陋设备开出的板尺寸误差大，往往在1mm以上，而且经常会出现崩茬现象，致使板材基材暴露在外。
2	做工要精细。优质橱柜的封边细腻、光滑、手感好，封线平直光滑，接头精细。
3	孔位要精准。孔位的配合和精度会影响橱柜箱体的结构牢固性。专业大厂的孔位都是一个定位基准，尺寸的精度有保证。手工小厂则使用排钻，甚至是手枪钻打孔。这样组合出的箱体尺寸误差较大，不是很规则的方体，容易变形。
4	外形要美观。橱柜的组装效果要美观，缝隙要均匀。生产工序的任何尺寸误差都会表现在门板上，专业大厂生产的门板横平竖直，且门间间隙均匀；而小厂生产组合的橱柜，门板会出现门缝不平直、间隙不均匀，有大有小，甚至是门板不在一个平面上。
5	滑轨要顺畅。注意抽屉滑轨是否顺畅，是否有左右松动的状况，以及抽屉缝隙是否均匀。

施工验收 TIPS

①橱柜安装前厨房瓷砖应已勾缝完成，并应将厨房橱柜放置区域的地面和墙面清理干净；提前将厨房的面板装上，并将墙面水电路改造暗管位置标出来，以免安装时打中管线。另外，厨房顶灯位置一定要注意避让吊柜的柜门；台面下增加垫板很有必要，能提高台面的支撑强度。

②壁柜测量。壁柜的柜体既可以是墙体，也可以是夹层，这样既保证有效利用空间，又不变形，但一定要做到顶部与底部水平，两侧垂直，如有误差，则要求洞口左右两侧高度差 < 5mm，壁柜门的底轮可以通过调试系统弥补误差。

③轨道安装。做柜体时需为轨道预留尺寸，上下轨道预留尺寸为折门8cm、推拉门10cm。

④隔架安装。家居柜体一般都有抽屉设计，为不影响使用，设计抽屉的位置时要注意：做三扇推拉门时应避开两门相交处；做两扇推拉门时应置于一扇门体一侧；做折叠门时抽屉距侧壁应有17cm空隙。

⑤壁柜门安装。其步骤是：首先固定顶轨，轨道前饰面与柜橱表面在同一平面，上下轨平放于预留位置；然后将两扇门装入轨道内，用水平尺或直尺测量门体垂直度，调整上下轨位置并固定好；再次查看门体是否与两侧平行，可通过调节底轮来调节门体，达到边框与两侧水平；最后将防跳装置固定好，并出示质量保护书。

这样保养使用更持久

①柜体保养：实木橱柜、烤漆橱柜和模压板橱柜都应避免室外阳光对橱柜整体或局部的长时间曝晒；避免硬物划伤；避免用酒精、汽油或其他化学溶剂清除污渍。其中实木橱柜可用温茶水将污渍轻轻去除，等到水分挥发后在原部位涂上少许光蜡，然后轻轻地擦拭几次以形成保护膜。烤漆橱柜和模压板橱柜则可用蘸洗涤剂的洁净棉布擦拭，并及时用清水擦净。

②台面保养：避免将直接从灶台上取下来的温度过高的用具放在台面上；台面表面应尽量保持干燥，避免长期浸水；严防烈性化学品接触台面，如去油剂、炉灶清洗剂、强酸清洗剂等；若洒了上述物品，应立即用大量肥皂水冲洗，然后再用清水冲洗。

灶具
节能，令烹饪更有效率

 建材快照

①现代灶具的款式新颖，安全措施增强，具有高热效率，并且可以节能省电。

②灶具为厨房中的基础设备，适用于任何风格。

③灶具用于厨房空间，用来完成家中的烹饪。

④灶具的价格一般为 1200 ~ 4000 元。

一看就懂的装修材料书

各类灶具台面大比拼

分类		特点	元 /m²
玻璃台面		面板具有亮丽的色彩、美观的造型，易清洁。使用玻璃面板要避免敲打，避免爆裂。	约1000
不锈钢台面		不易磨损，经久耐用，质感好，耐刷洗、不易变形，一直以来占据市场首位。但是表面容易留下刮痕，颜色比较单一。	约800
陶瓷台面		在易清洁性和颜色选择方面优于其他材质，独特的质感和视觉效果使其更易与大理石台面搭配。	约800

选购小常识

1	优质燃气灶产品其外包装材料结实、说明书与合格证等附件齐全、印刷内容清晰。
2	优质燃气灶外观美观大方，机体各处无碰撞现象，产品表面喷漆均匀平整，无起泡或脱落现象。
3	优质燃气灶的整体结构稳定可靠，灶面光滑平整，无明显翘曲，零部件的安装牢固可靠，没有松脱现象。
4	优质燃气灶的开关旋钮、喷嘴及点火装置的安装位置必须准确无误。通气点火时，应基本保证每次点火都可使燃气点燃起火（启动10次至少应有8次可点燃火焰），点火后4秒内火焰应燃遍全部火孔。利用电子点火器进行点火时，人体在接触灶体的各金属部件时，应无触电感觉。火焰燃烧时应均匀稳定呈青蓝色，无黄火、红火现象。

施工验收 TIPS

①灶具距离抽油烟机的高度，必须考量抽油烟机的吸力强弱，一般来说应保持65～70cm的距离，油烟才能被吸附、不外散。

②连续拼接双炉或三炉具时，需要安装连接条，若炉具间以柜面间隔则不需用连接条。

③电子开关和炉头结合要紧密，避免松脱情形。另外，瓦斯进气口的部分要注意夹具与管具之间的安装要紧密牢固，以免造成瓦斯外泄。瓦斯炉安装完毕后还应试烧，调整空气量使火焰稳定为青蓝色。

这样保养使用更持久

①不定期检查炉火是否燃烧完全，若发现黄色火焰过多，则要请专业人士检查调整。

②应每天饭后固定清洗台面，使用抹布蘸上中性清洁剂擦拭即可。

抽油烟机

减少污染，降低厨房油烟异味

①抽油烟机可以将炉灶燃烧的废物和烹饪过程中产生的对人体有害的油烟迅速抽走，排出室外，减少污染，净化空气，并有防毒和防爆的安全保障作用。

②若抽油烟机的设计不良，则有火灾危险。

③抽油烟机为厨房中的基础设施，可以用于任何风格的家居中。

④抽油烟机用于家庭中的厨房，起到降低厨房油烟异味的作用。

⑤抽油烟机的价格依种类不同而略有差异，一般为 500 ～ 6000 元 / 台，其中中式抽油烟机的价格较便宜，也更适合经常煎炒烹炸的中国家庭。

202

一看就懂的装修材料书

各类抽油烟机大比拼

分类		特点	优点	缺点
中式抽油烟机		采用大功率电动机，有一个很大的集烟腔和大涡轮，为直接吸出式，能够先把上升的油烟聚集在一起，然后再经过油网，将油烟排出去。	生产材料成本低，生产工艺也比较简单，价格适中。	占用空间大，噪声大，容易碰头、滴油；使用寿命短，清洗不方便。
欧式抽油烟机		利用多层油网过滤（5～7 层），增加电动机功率以达到最佳效果，一般功率都在 300W 以上。	外观优雅大方，吸油效果好。	价格较高，功率较大。
侧吸式抽油烟机		利用空气动力学和流体力学设计，先利用表面的油烟分离板把油烟分离再排出干净空气。	抽油效果好，省电，清洁方便，不滴油，不易碰头，不污染环境。	样子难看，不能很好地和家具整体融到一起。

选购小常识

1	一般来讲，通过长城认证（中国电工产品领域的国家认证组织）的抽油烟机，其安全性更可靠，质量更有保证。
2	噪声方面，国家标准规定抽油烟机的噪声不超过 65 ~ 68dB。
3	考查抽排效率，只有保持高于 80Pa 的风压，才能形成一定距离的气流循环。风压大小取决于叶轮的结构设计，一般抽油烟机的叶轮多采用涡流喷射式。另外，一些小厂家为了降低成本，将风机的涡轮扇页改成塑料的。在厨房这样的环境中，塑料涡轮扇页容易老化变形、也不便清洗，所以业主应尽可能选购金属涡轮扇页的抽油烟机。

施工验收 TIPS

①抽油烟机的管线距离不要配置过长，最好能在 4m 以内，不应超过 6m，建议放在抽油烟机的正上方，可以隐藏在吊柜中，此外最好避免排风管有两处以上转折，这样容易导致排烟效果不佳。

②抽油烟机的悬挂位置不宜在门窗过多处，以免造成空气对流影响，而无法发挥排烟效果。另外，抽油烟机的排油管要避免褶皱弯曲，排油风管不可穿梁。安装后要测试电动机运转是否顺畅，声音是否过高；按键面或控制面板的灵敏度，也需确认测试。

这样保养使用更持久

①在使用之前，将两只储油盒里撒上薄薄一层肥皂粉，再注入约 1/3 的水，这样回收下来的油会漂在水面上，较容易清洗。

②清洁抽油烟机时，要首先切断电源，之后用螺丝刀拧下机壳上的螺钉，将机壳和油网取下，如果油网上的油垢很厚，则先用工具将多余的油垢轻轻刮拭下来，然后放入混有中性洗涤剂的温水中，浸泡三分钟后，用干净的抹布擦拭干净即可。

③抽油烟机的扇叶除了用油烟净之外，还可以用洗洁精 + 食醋混合液清洗，这种溶液对人体无污染。

④可以尝试高压蒸汽法。具体做法是在高压锅内放半锅冷水加热，待有蒸汽不断排出时取下限压阀，打开抽油烟机将蒸汽柱对准旋转着的扇叶，油污水就会循着排油槽流入废油盒里。

水槽 洗涤烹饪食材的场所

①厨房水槽以不锈钢水槽为主，具有面板薄、重量轻，耐腐蚀、耐高温、耐潮湿，易于清洁等优点。

②一些不锈钢水槽具有不耐刮、花纹中易积垢的缺点。

③水槽为厨房基础设备，任何风格的家居风格均适用。

④水槽应用于厨房中，主要用来洗涤烹饪食材。

⑤水槽在价格上差异较大，从几百元到几千元不等，可以根据预算及家庭装修档次进行合理选购。

各类水槽大比拼

分类		特点
单槽		单槽一般在厨房空间较小的家庭中使用，因为单槽使用起来不方便，只能满足最基本的清洁功能。
双槽		双槽是现在大多数家庭使用的，无论两房还是三房，双槽都可以满足清洁及分开处理的需要。
三槽		三槽由于多为异形设计，比较适合具有个性风格的大厨房，因为它能同时进行浸泡、洗涤及存放等多项功能，因此这种水槽很适合别墅等大户型。

选购小常识

1	选购不锈钢水槽时，先看不锈钢材料的厚度，以 0.8 ~ 1.0mm 厚度为宜，过薄会影响水槽的使用寿命和强度。
2	看表面处理工艺，高光的光洁度高，但容易刮划；砂光的耐磨损，却易聚集污垢；亚光的既有高光的亮泽度，也有砂光的耐久性，较多的人选择亚光型不锈钢水槽。
3	使用不锈钢水槽，表面容易被刮划，所以其表面最好经过拉丝、磨砂等特殊处理，这样既能经受住反复磨损，也可更耐污，清洗方便。
4	选择陶瓷水槽重要的参考指标是釉面光洁度、亮度和陶瓷的吸水率。光洁度高的产品颜色纯正、不易挂脏积垢、易清洁、自洁性好，吸水率越低的产品越好。
5	人造石水槽用眼睛看，颜色应清纯不混浊，表面光滑；用指甲划表面，应无明显划痕。最重要的是看质检证书、质保卡等证件是否齐全。
6	下水管防漏，配件精密度及水槽精度应一致，防堵塞，无渗水滴漏。下水管件分为两个部分：去水头和排水管。去水头按照直径分为 110mm、140mm、160mm，按照结构分为钢珠定位、手动定位、提笼结构、自动下水。

施工验收 TIPS

水槽安装完毕后要经过多次的排水功能顺畅测试；水槽与台面要注意边缘的防水处理，如防水橡胶垫、止水收边如矽利康等处是否确实安装好。

这样保养使用更持久

①初次使用水槽时，应先放水 5 ~ 10 分钟，将水管内含有生锈物质的水排放干净，并用软布将水槽表面擦拭干净。最好连续隔天试水 2 ~ 3 次，以保证将锈水排放干净。

②不要长时间将硬物或生锈品与水槽接触，不用强酸或强碱在水槽内清洗物品，每次使用后将槽体清洗干净并用抹布擦干。

③若水槽表面出现浮锈，可使用滑石粉清除锈点。具体做法为用一小把滑石粉放入干的水槽内，用一干净柔软的抹布在有锈点的部位擦拭。也可用除锈水清除：用一干净柔软的抹布蘸少量的除锈水在有锈点的部位轻轻擦拭；或者用 300 号砂纸折成一小角在有锈点的部位擦拭。

水龙头 控制和调节水的流量大小

 建材快照

①水龙头的造型多变，具有实用功能的同时，也不乏美观性。

②有些铜质水龙头易产生水渍。

③水龙头为厨卫的基础设备，任何家居风格均适用。

④水龙头常用于厨卫之中，是室内水源的开关，负责控制和调节水的流量大小。

⑤水龙头以个计价，价格为约 200 元 / 个起。

各类水龙头大比拼

分类		特点
按开启方式分	螺旋式	螺旋式手柄打开时，要旋转很多圈。
	扳手式	扳手式手柄一般要旋转90°。
	抬起式	抬起式手柄只需往上一抬即可出水。
	感应式水龙头	感应式水龙头只要把手伸到水龙头下，便会自动出水。
按结构分	单联式	可接冷水管或热水管。
	双联式	同时接冷水管和热水管，多用于卫浴洗面盆及有热水供应的厨房洗菜盆。
	三联式	除接冷水和热水两根管道外，还可以接淋浴喷头，主要用于浴缸。
按功能分	冷水龙头	按阀体材料的不同，冷水龙头可分为铜水龙头、可锻水龙头和灰铸水龙头。其结构多为螺杆升降式，即通过手柄的旋转，使螺杆升降而开启或关闭。优点是价格较便宜，缺点是使用寿命较短。

分类		特点
按功能分	面盆龙头	用于放冷水、热水或冷热混合水。其结构有螺杆升降式、金属球阀式、陶瓷阀芯式等。阀体用黄铜制成，外表有镀铬，镀金及各色金属烘漆，造型多种多样；手柄分为单柄和双柄形式；高档的面盆龙头装有落水提拉杆，可直接提拉打开洗面盆的落水口，排出污水。
	浴缸龙头	安装于浴缸一边上方，开放冷热混合水，有双联式、三联式；启闭水流的结构有螺旋升降式、金属球阀式、陶瓷阀芯式等。目前市场上流行的是陶瓷阀芯式单柄浴缸龙头。采用单柄调节水温，使用方便；陶瓷阀芯使水龙头更耐用，不漏水。
	淋浴龙头	安装于淋浴房上方，用于开放冷热混合水。其阀体多用黄铜制造，外表有镀铬，镀金等。启闭水流的方式有螺杆升降式、陶瓷阀芯式等。

选购小常识

1	分辨水龙头好坏要看其光亮程度，表面越光滑越亮代表质量越好。
2	好的龙头在转动把手时，龙头与开关之间没有过大的间隙，而且开关轻松无阻，不打滑。劣质水龙头不仅间隙大，受阻感也大。
3	好龙头是整体浇铸铜，敲打起来声音沉闷。如果声音很脆，则为不锈钢，档次较低。
4	水龙头的阀芯决定了水龙头的质量。因此，挑选好的水龙头首先要了解水龙头的阀芯。目前常见的阀芯主要有三种：陶瓷阀芯、金属球阀芯和轴滚式阀芯。陶瓷阀芯的优点是价格低，对水质污染较小，但陶瓷质地较脆，容易破裂；金属球阀芯具有不受水质的影响、可以准确控制水温、节约能源等优点；轴滚式阀芯的优点是手柄转动流畅，操作容易简便，手感舒适轻松，耐老化、耐磨损。

施工验收 TIPS

　　在装设水龙头时必须确实固定，并注意出水孔距与孔径。尤其是与浴缸或者水槽接合时，要特别注意，以免发生安装之后水龙头使用不方便的情况。不论是浴缸出水龙头还是面盆出水龙头，都要注意完工后是否有歪斜。若发生歪斜情况，应及时调整。

这样保养使用更持久

　　平时随时保持水龙头的干燥，可以预防水渍的产生。若要清洁则可使用海绵或抹布擦拭；若水渍较为严重，则可以用热水或车用水蜡来擦除顽固的水渍。

洗面盆 兼具实用性与装饰性

①如今洗面盆的种类、款式和造型都非常丰富，兼具实用性与装饰性。

②石材洗面盆较容易藏污，且不易清洗。

③洗面盆的种类和造型多样，可以根据室内风格来选择；其中不锈钢和玻璃材质的面盆较为适合现代风格的家居。

④洗面盆为卫浴中的基础设备，用来完成居住者的日常梳洗。

⑤面盆价格相差悬殊，档次分明，从一两百元到过万元的都有。影响面盆价格的主要因素有品牌、材质与造型。普通陶瓷的面盆价格较低，而用不锈钢、钢化玻璃等材料制作的面盆价格比较高。

各类洗面盆大比拼

分类		特点	元 / 个
台上盆		安装方便，便于在台面上放置物品。	200 ~ 260
台下盆		易清洁。对安装要求较高，台面预留位置尺寸大小要与盆的大小相吻合，否则会影响美观。	200 ~ 260
立柱盆		非常适合空间不足的卫浴安装使用，造型优美，可以起到很好的装饰效果，且容易清洗。	260 ~ 350

分类		特点	元 / 个
挂盆		一种非常节省空间的面盆类型，其特点与立柱盆相似，入墙式排水系统一般可考虑选择挂盆。	170 ~ 220
碗盆		与台上盆相似，但颜色和图案更具艺术性、更个性化。	170 ~ 220

不同材质的洗面盆带来不同家居风格

从习惯和款式上来看，市面上陶瓷面盆依然是首选。圆形、半圆形、方形、菱形、不规则形状的陶瓷面盆已随处可见，任何家居风格都能找到与之匹配的款式；而不锈钢面盆与卫浴内其他钢质浴室配件一起，能够烘托出一种工业社会特有的现代感。此外，玻璃面盆具有其他材质无可比拟的剔透感，非常时尚、现代，现代风格的住宅若追求新潮且不喜欢不锈钢的质感则可以选用玻璃面盆。

选购小常识

1	在选购洗面盆时，要注意支撑力是否稳定，以及内部的安装配件螺钉、橡胶垫等是否齐全。
2	应该根据自家卫浴面积的实际情况来选择洗面盆的规格和款式。如果面积较小，一般选择柱盆或角型面盆，可以增强卫浴的通气感；如果卫浴面积较大，选择台盆的自由度就比较大了，沿台式面盆和无沿台式面盆都比较适用，台面可采用大理石或花岗岩材料。
3	由于洁具产品的生产设计往往是系列化的，所以在选择洗面盆时，一定要与已选的坐便器和浴缸等大件保持同样的风格系列，这样才具备整体的协调感。

施工验收 TIPS

面盆分为上嵌或下嵌式，两种安装方式的柜面都要注意防水收边的处理工作。另外，独立式的面盆则要注意安装的标准顺序。而壁挂式面盆由于特别依赖底端的支撑点，因此施工时务必注意螺钉是否牢固，以免影响日后面盆的稳定度。

这样保养使用更持久

面盆破裂伤人的事件时有发生，因此使用时不要重压，也不要倚靠在上面施力。当面盆出现小裂纹时，要马上更换，避免造成危险。

抽水马桶

冲净力强，生活必需品

 建材快照

①抽水马桶是所有洁具中使用频率最高的一个，其冲净力强，若加了纳米材质，表面还可以防污。

②抽水马桶若损坏，需重新打掉卫浴地面、壁面重新装设。

③抽水马桶为卫浴的基础设备，任何风格的家居均需用到。

④抽水马桶主要用于家中的卫浴，可以将日常产生的污物冲洗干净。

⑤抽水马桶的价位跨度非常大，从百元到数万元不等，主要是由设计、品牌和做工精细度决定的，可以根据家居装修档次来选择。

选购小常识

1	马桶越重越好，普通马桶重量25kg左右，好的马桶50kg左右。重量大的马桶密度大，质量过关。简单测试马桶重量的方法为双手拿起水箱盖，掂一掂它的重量。
2	马桶底部的排污孔最好为一个，因为排污孔越多越影响冲力。
3	注意马桶的釉面，质量好的马桶其釉面应该光洁、顺滑、无起泡，色泽柔和。检验外表面釉面之后，还应去摸一下马桶的下水道，如果粗糙，以后容易造成遗挂。
4	大口径排污管道且内表面施釉，不容易挂脏，排污迅速有力，能有效预防堵塞。测试方法为将整个手放进马桶口，一般能有一个手掌容量为最佳。
5	检查马桶是否漏水的办法是在马桶水箱内滴入蓝墨水，搅匀后看坐便器出水处有无蓝色水流出，如有则说明马桶有漏水的地方。
6	水件直接决定马桶的使用寿命，以可以听到按钮发出清脆的声音为最佳。

各类抽水马桶大比拼

分类		特点	元 / 个
按形态分	连体式	连体式坐便器是指水箱与座体合二为一设计，较为现代高档，体形美观、安装简单、一体成型，但价格相对贵一些。	≥ 400
	分体式	分体式坐便器是指水箱与座体分开设计，分开安装的马桶，较为传统，生产上是后期用螺钉和密封圈连接底座和水箱，所占空间较大，连接缝处容易藏污垢，但维修简单。	≥ 250
按冲水原理分	直冲式	利用水流的冲力排出脏污，池壁较陡，存水面积较小，冲污效率高。其最大的缺陷就是冲水声大，由于存水面较小，易出现结垢现象，防臭功能也不如虹吸式坐便器，款式比较少。	≥ 600
	虹吸式	其最大优点为冲水噪声小（静音马桶就是虹吸式），容易冲掉黏附在马桶表面的污物，防臭效果优于直冲式，品种繁多。但每次需使用至少 8 ~ 9 L 水，比直冲式费水；排水管直径细，易堵塞。	≥ 700

施工验收 TIPS

①如果马桶买回来坑距不对，施工人员会垫高一块地面再做导水槽、做防水；或买个排水转换器配件连接。但非正常安装的任何改变，都会破坏马桶的真空吸力，影响原有排污速度和隔臭效果。如果不能使用，最好调换新的。

②如果需要修改马桶的排水，或者要把现有的马桶移动一下位置，则必须把地面垫高，使横向的走管有一个坡度，这样可以使污物更容易被冲走。

这样保养使用更持久

①为保持马桶表面清洁，应用尼龙刷和专用清洁剂来清洗马桶，严禁用钢刷和强有机溶液，以免破坏产品釉面。

②要重点清洁马桶圈，每隔一两天应用稀释的家用消毒液擦拭。最好不用垫圈，如果一定要使用，应经常清洗消毒。

③市面上有很多种洁厕宝，将其放到水箱中，通过每次冲水就可达到清洁和除菌的功效。需要注意的是，不能将洁厕剂倒入水箱中作为洁厕宝使用，这样做会损坏水箱中的零件。

浴室柜 卫浴收纳的好帮手

①浴室柜是卫浴收纳的好帮手，可以将卫浴中杂乱的物品进行有效收纳。

②有些木质浴室柜遇潮容易损坏。

③浴室柜的材质和风格多样，可依家居风格选择与之搭配的浴室柜。

④浴室柜的价格差异较大，一般为 1000 ～ 6000 元 / 个，有些高档木材制作的浴室柜也可高达上万元。

各类浴室柜柜体材质大比拼

种类	特点
刨花板	这种材料成本低廉，但吸水率极高，防水性能差。
中纤板	材料加工方便，但胶粘剂中含甲醛等有害物质，防水性能也不够理想。
实木板	实木材质颜色天然，又无化学污染，是健康、时尚的好选择。
不锈钢	材质环保、防潮、防霉、防锈、防水，但和实木板相比显得过于单薄。因为在色泽方面，不锈钢浴室柜只有冰冷的银白色，并且厚度也远远没有实木有质感。
PVC	色泽丰富鲜艳、款式多样，是年青业主的首选；但材料容易褪色，且较易变形。
人造石	色彩艳丽、光泽如玉，酷似天然大理石制品，是不错的浴室柜选择。
玻璃	装饰性钢化玻璃具有耐磨、抗冲刷、易清洗的特点，是首选的浴室柜材料。

敞开式浴室柜既有收纳功能又通风

洗手池下面的空间如果不好好利用，不但浪费，而且还容易令空间看起来空旷，因此不妨采用敞开式浴室柜，可以放入毛巾、牙刷、牙膏及各式洗浴用品，也可以用来储存卫生用品；同时开放式的收纳空间通风效果好，物品不易潮湿。

洗手台下方的开放性浴室柜具有通风效果，是收纳浴巾等物品的好选择。

选购小常识

1	防潮是选择浴室柜的第一条件。就防潮性能而言，实木与板材防潮较差，实木中的橡木具有致密防潮的特点，是制造浴室柜的理想材料，但价格较高。
2	由于卫浴空气不易流通，如果浴室柜的材料释放出有害物质，会对人体造成极大的危害，因此选用的浴室柜基材必须是环保材料。在选购浴室柜时，需打开柜门和抽屉，闻闻是否有刺鼻的气味。

施工验收 TIPS

浴室柜若与面盆连接，则完工后要打开水龙头了解有无渗水情况；另外还要调试门板，观察是否开合顺畅，同时检查内部层板高度是否适合放置卫浴用品。

这样保养使用更持久

①浴室柜忌用水冲洗，平时用干净软布清理即可；避免使用其他化学成分溶液对产品进行涂擦、腐蚀；保养的清洁剂最好使用中性的，浴室内随手可得的牙膏也是很好的去污品。

②应定期给浴室柜打蜡，一般隔 6 ~ 12 个月即可；可以用膏状蜡为浴室柜上一层蜡，包括柜体、五金拉手、毛巾杆和支架部分。

浴缸 令生活变得更有乐趣

①当劳累了一天，回到家之后用浴缸泡个澡，可以缓解疲劳，让生活变得更有乐趣。

②浴缸并不是必备的洁具，适合摆放在面积比较宽敞的卫生间中。

③浴缸的种类繁多，可以根据家居风格选择。

④浴缸用于家居空间的卫浴之中，为居住者提供泡澡之便。

⑤浴缸的价格依材质不同而有所差异，一般为1500～4000元/个，而按摩浴缸的价格则可达到上万元。

一看就懂的装修材料书

选购小常识

1	浴缸的大小要根据浴室的尺寸来确定，如果确定把浴缸安装在角落里，通常说来，三角形的浴缸要比长方形的浴缸多占空间。
2	尺码相同的浴缸，其深度、宽度、长度和轮廓也并不一样，如果喜欢水深点的，溢出口的位置就要高一些。
3	对于单面有裙边的浴缸，购买的时候要注意下水口、墙面的位置，还需注意裙边的方向，否则买错了就无法安装了。
4	如果浴缸之上还要加淋浴喷头的话，浴缸就要选择稍宽一点的，淋浴位置下面的浴缸部分要平整，且需经过防滑处理。
5	浴缸的选择还应考虑到人体的舒适度，也就是人体工程学。

各类浴缸大比拼

分类		特点	元／个
亚克力浴缸		采用人造有机材料制造，造型丰富，重量轻，表面光洁度好，价格低廉；但存在耐高温能力差、耐压能力差、不耐磨、表面易老化的缺点。	1500
铸铁浴缸		采用铸铁制造，表面覆搪瓷，重量大，使用时不易产生噪声。经久耐用，注水噪声小，便于清洁。但价格过高，分量沉重，安装与运输难。	4000
实木浴缸		选用木质硬、密度大、防腐性能佳的材质，如橡木、香柏木等。保温性强，可充分浸润身体。但价格较高，需保养维护，否则会变形漏水。	4000
钢板浴缸		传统浴缸，具有耐磨、耐热、耐压等特点，重量介于铸铁浴缸与亚克力浴缸之间，保温效果低于铸铁缸，但使用寿命长，整体性价比较高。	3000
按摩浴缸		通过马达运动，使浴缸内壁喷头喷射出混入空气的水流，造成水流的循环，从而对人体产生按摩作用。	10000

Chapter

12

厨
卫
设
备

215

施工验收 TIPS

①施工时要避免将重物放置在浴缸内，容易造成表面磨损。

②按摩浴缸在装设时要注意排水系统，管线要做到适当合理地配置，注意电动机要使用静音式安装，才不会出现结构性的低频共振。其他类型的浴缸排水时要注意浴缸底座要做防水处理，防水做好之后再来装设浴缸；另外浴缸装设时要考虑边墙的支撑度，如支撑度不够，则会使墙面产生裂缝，进而渗水。

③施工后要将溢出的水泥清除，否则固化后很难清理；另外，浴缸安装后固矽胶固化需长达24小时，这段时间内不要使用浴缸，避免发生渗水情况。

这样保养使用更持久

清洁时要采用中性的清洁剂，若使用强碱或强酸会伤害浴缸表层。若材质为亚克力，在擦拭时用软布去除污垢即可，不可用百洁布，以免刮伤表面；如果是实木浴缸，则应注意通风防晒；按摩浴缸日常清洁可用一般液体洗涤剂和软布，不可用含酮或氯成分的洗涤清洗。消毒时，禁用含甲酸和甲醛的消毒剂。

淋浴房 干湿分区、更整洁

 建材快照

①在淋浴区与洗漱区中间安装一组玻璃拉门形成淋浴房，可以使浴室做到干湿分区，避免洗澡时脏水喷溅污染其他空间，使后期的清扫工作更简单、省力。另外，沐浴房还十分节省空间，有些家庭卫浴空间小，安不下浴缸，可以选择淋浴房。

②沐浴房安装时应注意玻璃的强度，以免破裂。

③淋浴房为卫浴设备，其造型多样，可根据家居风格进行选择。

④淋浴房的价格为 1500 ~ 2000 元 /m²。

各类淋浴房大比拼

分类		特点	元 /m²
一字形淋浴房		较为常见的样式，适合大部分空间使用，不占空间；但造型比较单调、变化少。	约 1500
直角形淋浴房		适合安装在角落，淋浴区可使用的空间最大；面积宽敞的卫浴较为适用。	约 1500
五角形淋浴房		外观漂亮，比起直角形更节省空间，同样适合安装在角落中。另外，小面积卫浴也可使用。但淋浴间中可使用面积较小。	约 1500
圆弧形淋浴房		外观为流线型，适合喜欢曲线的业主；同样适合安装在角落中。但门扇需要热弯，价格比较贵。	约 2000

用淋浴房将卫浴"干湿分离"

卫浴的"干湿分离"，就是把卫、浴功能彻底区分，克服由于干湿混乱而造成的使用缺陷。其中，采用把淋浴房单独分出是最为简单的方法，但却不适合安装浴缸的卫浴，后者可以采取玻璃隔断或玻璃推拉门来分隔，即把浴缸设置在里面，把坐便器和洗手池放置在外面，以便更好地实现干湿分离。

淋浴房可以使卫浴空间干湿分区，更容易清洁、更加美观。

1	看淋浴房的玻璃是否通透，有无杂点、气泡等缺陷。淋浴房的玻璃可分为普通玻璃和钢化玻璃，大多数的淋浴房都是使用钢化玻璃，其厚度至少要达到 5mm，才能具有较强的抗冲击力能力，不易破碎。
2	淋浴房的使用是为了干湿分区，因此防水性必须要好，密封胶条密封性要好，防止渗水。
3	合格的淋浴房铝材厚度一般在 1.2mm 以上，走上轨吊玻璃铝材需在 1.5mm 以上。铝材的硬度可以通过手压铝框测试，硬度在 13 度以上的铝材，成人很难用手压使其变形。
4	淋浴房的拉杆是保证无框淋浴房稳定性的重要支撑，拉杆的硬度和强度是淋浴房抗冲击性的重要保证。建议不要使用可伸缩的拉杆，其强度偏弱。

解疑 淋浴房的标准规格是多少？

标准规格的淋浴房面积一般在 90cm×90cm 以上，这样才能保证淋浴时肢体有足够的空间进行各种动作。选用圆形淋浴房可以相对节省一点空间，如果带有储物柜的话就更加理想，可以将零乱的洗浴用品放进去，让表面显得整洁一些。

一看就懂的装修材料书

施工验收 TIPS

①淋浴房的预埋孔位应在卫浴未装修前就先设计好，已安装好供水系统和瓷砖的最好定做淋浴房。

②布线漏电保护开关装置等应该在淋浴房安装前考虑好，以免返工。淋浴房的样式应根据卫浴布局而定，安装淋浴房时应严格按组装工艺安装。

③淋浴房必须与建筑结构牢固连接，不能晃动。敞开型淋浴房必须用膨胀螺栓，与非空心墙固定。排水后，底盆内存水量不大于 500g。

④淋浴房安装后的外观需整洁明亮，拉门和移门相互平行或垂直，左右对称、移门要开闭流畅，无缝隙、不渗水，淋浴房和底盆间用硅胶密封。

这样保养使用更持久

①常规清洗宜用清水冲洗玻璃，而后定期用玻璃水清洗，以保持玻璃的光洁度；如有污垢，可用中性清洁剂用软布擦除，顽固污渍可用少量酒精去除。不要使用酸性溶剂、碱性溶剂、药品、丙酮稀释剂等溶剂、去污粉等，否则会对人体产生不良影响。

②要注意沐浴房滑轮的保养，避免用力冲撞活动门，以免造成活动门脱落；应注意定期在滑轨上加注润滑剂，以及定期调整从而保证滑轮对活动门的有效承载及顺畅滑动。